Monika Schaal
Ursula Daugschieß-Thumm

Lockere Leine

IMPRESSUM

Einbandgestaltung: r2 | Ravenstein, Verden
Titelbild: Iris Bach

Bildnachweis
Iris Bach: S. 10 unten, 15, 20, 47, 55, 59, 79, 82, 85; Ursula Daugschieß-Thumm: S. 4, 6, 9, 25, 30, 38, 41, 44, 49, 51, 67, 69, 70, 73, 77, 93; Petra Rammelsberger: S. 31 unten, 53; Monika Schaal: S. 31, 58; Michael Streck: S. 64, 65; Friedelinde Schmid-Fischer: S. 91; Petra Tischner: S. 94; Walter Weihermann: S. 18, 22, 28, 33, 43, 61, 76.
Alle übrigen Fotos stammen von Sandra Benzing.

Eine frühere Ausgabe dieses Buches ist unter der ISBN 978-3-275-01621-1 erschienen.

ISBN 978-3-275-02161-1

Postfach 103743, 70032 Stuttgart
Ein Unternehmen der Paul Pietsch Verlage GmbH & Co. KG

1. Auflage 2019

Sie finden uns im Internet unter www.mueller-rueschlikon-verlag.de

Lektorat: Claudia König
Innengestaltung: r2 | Ravenstein, Verden
Druck und Bindung: Appel & Klinger Druck und Medien GmbH, 96277 Schneckenlohe
Printed in Germany

INHALT

Sie sind seit neuestem stolzer Hundebesitzer und sehen sich in Gedanken bereits auf idyllischen Waldwegen mit Ihrem an lockerer Leine laufenden Hund? Sie wollen von Anfang an einen guten Grundstein legen, damit die Leinenführigkeit ein Hundeleben lang gelingt? Oder sind Sie bereits Hundebesitzer und kennen das Gefühl von Enttäuschung und Genervtsein, wenn Sie mal wieder mit einem an der Leine ziehenden Hund unterwegs waren?
Sie wissen ganz genau, was Sie nicht wollen, nämlich einen an der Leine ziehenden Hund. Sie wissen auch, was Sie wollen, nämlich einen »ordentlich« an der Leine laufenden Hund. Aber was heißt das? Wie sieht das aus, dieses ordentliche Leinegehen?
Um diese Definition wird es in diesem Buch unter anderem gehen. Wir werden gemeinsam überlegen, wie dieses ordentliche Gehen für Sie aussehen soll. Theoretisch ist das alles ganz einfach, aber dann kommt uns der Alltag in die Quere ...

Kaum eine Aufgabe, die wir mit unseren Hunden in Angriff nehmen, lässt so viel Spielraum zu bzw. verleitet zu so vielen kleinen Ausnahmen, wie das Gehen an lockerer Leine.
Denken Sie dabei etwa an einen dringenden **Lösegang:** Wenn es Ihre Wohnsituation nicht zulässt, dass der Hund zunächst einmal Freigang hat, um Häufchen bzw. Pipi zu machen, müssen Sie mit ihm an der Leine zum Lösegang starten. Hier haben für den Hund die körperlichen Bedürfnisse Vorrang. Er wird wahrscheinlich nicht an lockerer Leine zu seinem Löseplatz schlendern, sondern er MUSS vielleicht ziemlich dringend und dann zieht er unter Umständen auch ein wenig, auch wenn das Leinelaufen sonst schon gut klappt. Sind die körperlichen Bedürfnisse erledigt, kann man vom Hund erwarten, dass er ab jetzt den Regeln entsprechend an der Leine geht.
Oder der Umgang mit dem **Schnüffeln:** Mal darf der Vierbeiner stehen bleiben und schnüffeln, mal nicht. Am Feldweg finden wir es nachvollziehbar, in der Stadt nervt es und das »Kurz«-stehen-Bleiben ist nicht immer gleich lang. Manchmal zieht der Hund dabei ein Stück rückwärts, weil der Wind ihm Gerüche von Stellen zuträgt, an denen er bereits vorbeigelaufen ist und schon spannt sich die Leine. Wie viel Schnüffeln ist also erlaubt und gibt es ein Signal, damit der Hund wieder weitergeht oder wird er einfach nur gezogen?

Wie bekommen wir das hin, das entspannte Miteinander-Gehen, bei dem sich alle Beteiligten wohl fühlen? Wie schaffen wir es, dass die Leine nicht zur ständigen Mensch-Hund-Diskussion wird oder Sie sich in einer Ausnahme nach der anderen verheddern?
Mit dem neu überarbeiteten Buch möchten wir Ihnen dazu einiges Werkzeug an die Hand geben.

Wir nehmen nicht für uns in Anspruch, ein Patentrezept für alle Lebenslagen parat zu haben. Weil es mehrere Ursachen fürs Ziehen gibt und nicht jeder Hund gleich ist, gibt es auch nicht nur eine einzige Lösung. Eine gute Leinenführigkeit ist immer ein Gesamtpaket, bei dem der Mensch die wichtigste Rolle spielt. Deshalb möchten wir Ihnen nicht nur Trainingspläne und Vorgehensweisen vorstellen, die sich in der Praxis bewährt haben, sondern Ihr Augenmerk auf die vielen kleinen Dinge rund um die Leinenführigkeit richten. Wie möchten Sie dazu anregen, sich Gedanken darüber zu machen, was für Sie und Ihren Hund Leinenführigkeit bedeutet. Wo Sie Abstriche und Ausnahmen machen können und wie konsequent und aufmerksam Sie sein sollten, damit Ihr Hund nachvollziehen kann, was Sie von ihm erwarten. Und auch wenn es Sie nun drängt, sogleich im Kapitel »Training mit dem Leinenzieher« nachzulesen, weil Sie mit einem solchen Exemplar unterwegs sind, bitten wir Sie dennoch, die anderen Aspekte in diesem Buch nicht zu vernachlässigen. Wir möchten Sie motivieren, dran zu bleiben, haben Sie Geduld mit sich und dem Vierbeiner.

Lockere Leine in allen Lebenslagen. Bis Ihr Hund Sie vertrauensvoll an lockerer Leine begleitet, braucht es viele Lernschritte für Hund und Mensch.

Im Straßenverkehr …

Beim täglichen Spaziergang ...

Bei Begegnungen ...

Gemeinsam mit anderen ...

Wenn Sie mit mehreren Hunden unterwegs sind ...

Ohne Leine geht es nicht

Für uns Menschen bedeutet die Leine Sicherheit, Kontrolle und Rücksichtnahme. Der Hund soll weder sich noch andere gefährden, also muss er in bestimmten Situationen angeleint geführt werden. Auch Ihre Mitmenschen wünschen sich, dass Sie den Vierbeiner unter Kontrolle haben, wobei es häufig noch toleriert wird, wenn ein kleiner, niedlicher Hund an der Leine zieht, bei einem größeren, kräftigen Vierbeiner sieht es schon wieder anders aus.
Häufig haben wir keine Entscheidungsmöglichkeit, vielerorts herrscht Leinenpflicht.
Manchmal kann der Hund nicht von der Leine gelassen werden, weil der Rückruf in diesem Umfeld noch nicht zuverlässig gelingt, gesundheitliche Gründe oder die Läufigkeit einer Hündin dagegen sprechen. In wildreichen Gebieten sollte der Hund aus Rücksicht nicht frei laufen und Sie wünschen sich trotzdem eine ruhige Abendrunde nach einem anstrengenden Tag, bei der Sie Seite an Seite mit Ihrem Hund den Weg entlang schlendern. Wenn wir von unserem Hund erwarten, dass er uns in vielen Alltagsituationen wie selbstverständlich an lockerer Leine begleitet, ist es zunächst einmal unsere Aufgabe, dafür zu sorgen, dass er dies auch erlernen kann.

Eine kleine Menschen-Übung

Zur Einstimmung eine kurze Übung für Sie – nicht für den Hund: Nehmen Sie Ihren Hund an die ca. 2 Meter Leine, versetzen Sie sich in die Rolle des Hundes und versuchen Sie »leinenführig« zu sein. Gehen Sie Ihrem Vierbeiner nach, machen Sie alle Stopps, Tempo- und Richtungswechsel mit, ohne dass sich die Leine strafft. Wenn Ihr Hund für dieses Experiment nicht geeignet ist, können Sie sich genauso gut von einer Person »führen« lassen. Hier könnten Sie sogar noch weiter ausprobieren: die Person geht ohne Anweisungen an Sie ihres Weges oder gibt Ihnen Anweisungen (verbal oder durch Körpersprache). Sie merken jetzt, wie anstrengend das sein kann, ständig lockeren Leinenkontakt zu halten – aber ... dasselbe erwarten Sie von Ihrem Hund.

Ziele formulieren

Haben Sie sich schon einmal genau überlegt, wie es ausschauen soll, wenn Ihr Hund leinenführig ist? Was er dabei tun bzw. unterlassen soll? Nehmen Sie sich ein Blatt Papier, einen Stift und ein bisschen Zeit. Teilen Sie das Blatt in zwei Spalten. Stellen Sie sich einen Ihrer üblichen Hundespaziergänge vor und schreiben Sie in der linken Spalte auf, wie es IST – wann zieht Ihr Hund, wann geht er locker nebenher, wie stark ist das Ziehen, was sagen Sie, was tun Sie? Das ist ziemlich schwierig! Aber versuchen Sie es!
In der rechten Spalte notieren Sie, wie Sie sich das Ganze im Idealfall vorstellen. Schreiben Sie aber bitte nicht nur auf »der soll nicht Hund ziehen«, sondern beschreiben Sie, wie Sie es sich wünschen, wenn Sie beispielsweise zum Gartentor hinausgehen, die Straße entlang gehen oder auf dem Waldweg unterwegs sind. Sie werden feststellen, dass Sie wahrscheinlich verschiedene Formen des Mitgehens benötigen.

Dicht bei Ihnen

Manchmal muss der Hund dicht bei Ihnen gehen, etwa bei engen Begegnungen mit anderen Hunden oder Menschen, die keinen Hundekontakt wünschen. Dazu können Sie ihn kurz dicht an Ihre Seite holen oder Fuß gehen lassen. Die Aufgabe beginnt und endet mit einem eindeutigen Signal.

Beim Fußgehen, wie es auch für Prüfungen und Hundesport nötig ist,

- läuft der Hund dicht neben Ihnen, im Idealfall mit seiner Schulter in Höhe Ihres Knies.
- folgt er dem Tempo, das Sie vorgeben, schnüffelt nicht und bleibt auch bei Richtungswechseln stets an locker durchhängender Leine dicht an Ihrer Seite.
- ist seine Aufmerksamkeit ganz bei Ihnen, umgekehrt sind auch Sie ganz auf den Hund konzentriert. Sie merken oft nicht einmal, was um Sie herum vorgeht.

Diese klar definierte Aufgabe gibt Hund und Mensch eindeutige Regeln vor, an die man sich halten kann. Je eindeutiger etwas definiert ist, umso leichter fällt das Erlernen.
Exaktes Fußgehen kann natürlich nicht der Dauerzustand beim Spaziergang sein, dazu ist es viel zu anstrengend.

Gehen an lockerer Leine

lässt mehr Spielraum zu – und genau dies kann die Aufgabe so schwierig machen. Es fällt vielen Menschen schwer, auf die Einhaltung von Grenzen zu achten, die verschiebbar sind, und es ist für manchen Vierbeiner echt schwer, diese schwammigen Grenzen zu erkennen und einzuhalten.
Je klarer Ihre Vorstellung vom gemeinsamen Gehen ist, umso besser können Sie es Ihrem Hund vermitteln. Schauen Sie sich also nochmals Ihr Blatt Papier an und überlegen Sie sich **IHR** Lernziel.
Unsere Definition von lockerer Leine:

- Der Hund geht im Radius der Leine mit, Interesse an der Umwelt ist erlaubt, auch mal kurz stehen bleiben oder schnüffeln, aber nicht Pipi oder Häufchen machen.
- Der Hundebesitzer gibt (mehr oder weniger) die Wegführung und das Tempo vor.
- Schnüffelt der Hund, kann der Hundehalter sein Lauftempo etwas verlangsamen, sollte aber möglichst nicht stehen bleiben. Begründung: das Stehenbleiben wird vermutlich immer unterschiedlich ausfallen, mal nur kurz und ungeduldig, dann wieder etwas länger. Es ist deshalb für den Hund niemals klar und eindeutig.

Der Hund muss nicht permanent aufmerksam sein auf seinen Menschen oder gar Blickkontakt halten. Es sollte aber so viel Orientierung zum Menschen gegeben sein, dass die Leine locker durchhängt.
Die Signale zum Mitgehen an lockerer Leine müssen sich von denen für das Fußgehen unterscheiden. Sie brauchen ein erkennbares Lob und eine lockende Aufforderung zum Mitgehen.

Frei an der Leine

benötigen Sie beim leinenführigen Hund für einen Schnüffelspaziergang, wenn Sie ihm mehr Spielraum gewähren möchten. In der Regel wird hierzu eine längere Leine verwendet.
Definition frei an längerer Leine:

- Der Hund bleibt von sich aus im Leinenradius.
- Er darf ausführlich schnüffeln, sich lösen und einfach »Hundedinge« tun.
- Das bedeutet, dass Sie unter Umständen auch einmal dem Hund hinterherlaufen, mit ihm zur Seite bzw. ein Stück zurückgehen oder stehen bleiben.

Mögliche Signale für frei an der Leine: ein verbales »Auflöse- bzw. Freisignal« und/oder die Leine wird an einer anderen Stelle eingehakt.

Wichtig

Auf einem Spaziergang wechseln die drei Arten von Leinegehen immer wieder ab. Es ist daher sehr wichtig, dass der Hund weiß, was gerade von ihm erwartet wird. Je klarer Ihre gedankliche Unterscheidung ist und je eindeutiger Sie dies dem Hund vermitteln, umso einfacher machen Sie es ihm, das Laufen an lockerer Leine zu erlernen.

Hunde und ihre Leine

Was bedeutet die Leine für Ihren Hund? Vermutlich kann er zunächst wenig damit anfangen. Er weiß nicht, dass es auf Entgegenkommende einen guten Eindruck macht und Ihren Rücken schont, wenn er an lockerer Leine mitläuft oder ihn die Leine davor bewahrt, im Straßenverkehr Schaden zu nehmen.
Das Prinzip des gemeinsamen Unterwegsseins ist Hunden keineswegs fremd, sie gehen mit Artgenossen durchaus eine bestimmte Wegstrecke zusammen. Ein Gehen, wie es die lockere Leine erfordert, ist jedoch eher unüblich. Gut miteinander befreundete Tiere bewegen sich zwar

Zum Glücklichsein bräuchten Hunde keine Leine. Schnüffeln, Umwelt erkunden ...

... und Rennen geht viel besser ohne Leine.

immer wieder dicht nebeneinander, manchmal sogar mit Körperkontakt. Meist aber halten sie einen eher lockeren Kontakt, der auch einen gewissen Abstand zum anderen zulässt, jeder bewegt sich in seinem eignen Tempo und nach seinen Bedürfnissen: schnüffelt am Wegrand, trabt voran, weicht aus oder bleibt stehen, um sich umzuschauen.

Angeleint verhält sich der Hund vermutlich erst einmal nach seinen Vorstellungen. Er beschnuppert etwas, das wir überhaupt nicht beachtenswert finden, weicht einer Begegnung aus, geht schneller oder langsamer als die Menschen. Er zieht, weil er seine Bedürfnisse erfüllen möchte und nicht, um uns zu ärgern oder zu kontrollieren. Um genau zu sein: Es liegt nicht im Sinne des Hundes, seinen Menschen an eine bestimmte Stelle zu ziehen, er würde auch ohne ihn dahin gehen. Aber weil die Leine ihn mit dem Menschen verbindet, muss dieser eben mit.

Neben dem Menschen zu gehen, sich dessen Tempo anzupassen, Verlockendes auch mal links liegen zu lassen oder trotz Beängstigendem weiterzugehen, erfordert vom Hund ein hohes Maß an Selbstkontrolle und Vertrauen in die Kompetenz seines Menschen.

Sicherheit, wohlfühlen und belohnt werden

Ob der Hund zu einem bestimmten Zeitpunkt und auf einer bestimmten Strecke an lockerer Leine mitgeht oder irgendwo hin zieht, hängt stark davon ab, wie er sich dabei fühlt und ob sich das Verhalten lohnt. Und – ab und an lohnt sich auch das Ziehen! Der Hund erreicht dadurch sein angestrebtes Ziel: eine interessant riechende Stelle, den entgegenkommenden Artgenossen oder eine größere Distanz zu einem für ihn bedrohlichen oder unangenehmen Reiz. Eine Strategie, die sich lohnt, wird weiterhin angewandt, dafür nimmt er – je nach Veranlagung und Motivation, auch einige Unannehmlichkeiten mit in Kauf.
Wir müssen also dem Hund mitteilen, dass es sich für ihn lohnt, wenn er sich für unsere Vorstellung vom Leinegehen entscheidet und an lockerer Leine mitläuft.

Belohnungen

Wenn es sich für den Hund lohnen soll, denken wir in erster Linie an Lob und Leckerchen. Belohnungen sind tatsächlich ein wichtiger Faktor, wenn wir unserem Hund etwas beibringen möchten, das er nicht kennt oder von dessen Vorteilen er noch nicht überzeugt ist. Sie sind ein gutes Mittel, um dem Hund zeitnah mitzuteilen, dass wir gerade sehr zufrieden sind mit ihm.
An erster Stelle wird hier Ihr verbales Lob stehen. Ihre Stimme haben Sie immer dabei, sie kann hervorragend moduliert und den Gegebenheiten angepasst werden. Zudem ist hier das richtige Timing relativ einfach, Sie müssen nur aufmerksam sein. Beachten Sie dabei, wie viel stimmliche Begeisterung gut ist für Ihren Hund. Wann ist es zu viel, lässt ihn evtl. hochspringen, wann ist es zu wenig und er nimmt es kaum wahr? Ein verbales Lob verliert allerdings schnell an Bedeutung, wenn Sie auch sonst fast ununterbrochen auf den Hund einreden.
Viele Hunde finden Futterbelohnungen ganz prima. Leckerchen lassen sich gut mitnehmen und dosieren, es ist aber nicht ganz so einfach, sie im richtigen Moment zu geben. Und ein zu großes Leckerchen beschäftigt den Hund zu sehr, er wird vielleicht stehen bleiben, um in Ruhe zu kauen oder gar Krümel verlieren, die er dann aufsammeln will. Besser sind hier kleine Leckerchen (Wurst- oder Käsestückchen), die der Hund mit einem Bissen zu sich nehmen kann.

Es müssen nicht immer Leckerchen sein, auch wenn sie in der Tasche vorrätig sind. Emotionale Verbundenheit und verbales Lob sind für einen Hund genauso wichtig.

Körperkontakt wie Streicheln, Kraulen usw. ist für einige Hunde ebenfalls als Lob geeignet. Hierbei ist es besonders wichtig, auszuprobieren, was der Hund gerne hat und vor allem in welcher Dosierung. Mancher Hund weicht beim wohlgemeinten Tätscheln seines Menschen erschrocken oder belästigt zur Seite aus, zieht dadurch vielleicht an der Leine. Ein leichtes Kraulen am Ohr hingegen finden viele Hunde sehr angenehm.

Wichtig

Eine Belohnung ist dann gut, wenn sie dem Hund ein angenehmes Gefühl vermittelt, ihn aber nicht so sehr aufputscht, dass er nicht mehr an lockerer Leine mitgehen kann.

Diesem Hund gibt es Sicherheit, wenn er bei Begegnungen auf der abgewandten Seite geführt wird.

Sicherheit

Mancher Hund kann nur dann entspannt an der Leine gehen, wenn er sich dabei sicher fühlt und erkennt, dass Sie auf ihn achten. Vielleicht wissen Sie, dass sich Ihr Hund vor LKW-Geräuschen fürchtet, Schwierigkeiten mit stürmischen Artgenossen hat oder sich nicht wohlfühlt, wenn Fremde ihm zu nahekommen oder ihn gar streicheln wollen.
Natürlich werden Sie an diesen Punkten arbeiten und er kann lernen auch in diesen Situationen entspannter zu reagieren, dennoch ist es wichtig, die Bedürfnisse des Hundes zu berücksichtigen. Sie wissen nicht nur um die Probleme, sondern lassen dieses Wissen in Ihr Vorgehen einfließen: Sie halten Abstand zur lauten Straße, lassen nicht zu, dass der Hund von Fremden bedrängt wird und geben ihm einen Weg vor, wie er ohne Aufregung am Artgenossen vorbeigehen kann.

Wohlfühldistanz

Jeder Hund hat hier andere Kriterien. Manche laufen ganz nahe bei ihrem Menschen, obwohl die Leine einen größeren Spielraum zulässt, andere brauchen etwas mehr Abstand. Ermöglichen Sie es Ihrem Hund, innerhalb des angedachten Leinenspielraums, seine Wohlfühl-Position zu finden.
Ob die Leine völlig durchhängen darf oder immer ein lockerer Kontakt gehalten wird, ist individuell. Bei einer längeren, völlig durchhängenden Leine geht der Kontakt schnell verloren. Es ist dann schwierig, rasch auf den Hund einzuwirken, falls er unvermittelt auf einen Umweltreiz reagiert, vor allem dann, wenn er auf Stimme oder Körpersprache noch nicht ausreichend reagiert. Über eine leicht anstehende Leine können Sie besser Kontakt halten, fühlen fast, was im Hund vorgeht, und ihm durch eine zeitnahe Reaktion mitteilen, dass Sie auf ihn achten.

Ihr Handwerkszeug

Beim Lesen dieses Buches wird Ihnen vieles sicher vertraut und durchaus nachvollziehbar erscheinen. Wenn Sie dann aber mit Ihrem mal wieder an der Leine ziehenden Hund über die Wiese schlittern, sieht manches doch wieder anders aus. Denn leider lässt sich allein aus Büchern und dem daraus erworbenen Wissen nur selten ein Hund gut erziehen. Um diese theoretischen Kenntnisse auch richtig anzuwenden, braucht es das TUN. Dazu gehören auch die scheinbar so einfachen Dinge, die man doch »eigentlich« schon längst weiß, wie die Sache mit der Konsequenz oder den genauen Anweisungen. Im Alltag unterwegs zu sein, bedeutet auch Erfahrungen zu sammeln – mit all den Rückschlägen und Erfolgen, die einfach dazugehören. Wie lange Sie beispielsweise an einem Übungsschritt arbeiten, ob der Hund dieses oder jenes Lob besser findet oder sich in einem bestimmten Übungsumfeld wohlfühlt, das kann Ihnen kein Buch abnehmen. Erfahrungen sammeln kann bedeuten, ganz praktische Fertigkeiten zu üben. Sie werden lernen, schneller zu reagieren, aufmerksamer zu beobachten oder Ihre Körpersprache und Stimme gezielter einzusetzen. Oder auch mal Fehler zu machen und dann aber zu merken, dass etwas schiefläuft. Erfahrung einsetzen heiß auch, immer wieder zu überprüfen und zu hinterfragen, ob man mit seinem Vorgehen noch auf dem richtigen Weg ist.

Ruhige, aufmerksame Kommunikation und gutes Timing

Viele Hundebesitzer neigen dazu, ständig auf ihren Hund einzureden, vor allem in stressigen Situationen. Dazu kommt der oft unbewusste Einsatz von optischen und taktilen Signalen wie Armbewegungen, Leinenzug oder Berührungen.

Kälte, Wind und rutschiger Untergrund erschweren manchmal das Üben.

Diese vielen Informationen überfordern den Hund und es ist schwer für ihn, das Wichtige herauszufiltern. Je aufgeregter und angespannter Sie kommunizieren, umso mehr Anspannung kommt beim Hund an und umso mehr Missverständnisse können entstehen.

Ein Beispiel für eine aufgeregte Kommunikation und eine eigentlich perfekt gelernte Verknüpfung – die Sie so aber überhaupt nicht haben wollten: Ihr Hund zieht heftig an der Leine und befindet sich deshalb irgendwo vor Ihnen, auf alle Fälle nicht an der von Ihnen gewünschten Position. Sie versuchen dagegen anzuziehen und begleiten diese Handlung mit einem ständigen »Fuß, langsam oder bleib doch hier« in unterschiedlicher Lautstärke und Intensität. Was versteht Ihr Hund? Zum einen Aufregung und – er wird sein Tun und die von Ihnen gegebenen Zeichen miteinander in Verbindung bringen, vor allem wenn diese Situation häufiger passiert. Also: Mehr oder weniger heftig ziehen, Aufregung empfinden, vor dem Besitzer gehen, das alles bedeutet für ihn: »Fuß oder langsam.«

Versuchen Sie ruhig zu kommunizieren:

- Reduzieren Sie Ihren Wortschwall, überlegen Sie welche Worte, Signale nötig sind.
- Verwenden Sie Ihre körpersprachlichen Gesten sehr gezielt.
- Achten Sie auf die Reaktionen Ihres Hundes. Eine Kommunikation ist dann gut, wenn der andere sie wahrnehmen und darauf reagieren kann.

- Machen Sie sich bewusst, in welchen Situationen Sie zu vermehrten Anweisungen und Aktivitäten neigen. Wenn wir Stress haben oder unter Beobachtungsdruck stehen, fallen wir oft wieder in wenig hilfreiche Verhaltensmuster.
- Wenn Sie bemerken, dass Sie immer häufiger angespannt oder uneffektiv kommunizieren, gehen Sie wieder einige Lernschritte zurück. Überlegen Sie, wann und wo eine gute Kommunikation noch möglich war, was Ihnen und dem Hund geholfen hat, aufmerksam miteinander umzugehen, und wiederholen Sie diese Situationen mehrmals, bis wieder Ruhe und Entspannung eingekehrt ist.

Gehen Sie auf dem nächsten Spaziergang in Gedanken bewusst neben sich her: Beobachten Sie sich und hören Sie sich selbst zu. Sie werden vermutlich verwundert sein, wie häufig Sie für den Hund nicht nachvollziehbar agieren.

Hundeverhalten erkennen

Zu einer aufmerksamen Kommunikation gehört auch, zu bemerken, wie eine bestimmte Situation auf den Hund wirkt und wie er seine Stimmung ausdrückt. Beobachten Sie Ihren Vierbeiner und lernen Sie seine Anzeichen zu erkennen und zu interpretieren. Wie sieht er aus, wenn er angespannt ist, ausweichen möchte, verunsichert ist usw.? Im Verlauf des Buches finden Sie immer wieder Hinweise zur Körpersprache des Hundes.

Der richtige Zeitpunkt

Hunde lernen, in dem sie verschiedene Dinge, die zeitgleich oder unmittelbar aufeinander folgend geschehen, miteinander in Verbindung bringen. Das bedeutet beim Belohnen: Der Hund muss wissen, wann er etwas richtig gemacht hat. Wenn Sie sich im Klaren darüber sind, wie Leinenführigkeit aussehen soll, können Sie den Hund für genau dieses Verhalten belohnen. Dazu muss sich das angenehme Gefühl, welches wir ihm mit einer Belohnung vermitteln möchten, während oder unmittelbar nach der gezeigten Handlung einstellen. Immer wenn sich der Hund jetzt in der gewünschten Position an lockerer Leine neben Ihnen befindet, wird er gelobt. Und ein Verhalten, das sich lohnt, wird er häufiger zeigen.
Für die Signalgebung: Am einfachsten ist es, ein erwünschtes Verhalten dann zu benennen, wenn der Hund es zeigt. Sie geben Ihr Zeichen, welches zum Signal für das Gehen an lockerer Leine werden soll, immer dann, wenn der Hund wie gewünscht neben Ihnen hergeht. Wird es zu früh oder zu spät gegeben, wenn der Hund noch oder bereits wieder dabei ist, etwas anderes zu tun, wird es unter Umständen zum Signal für diese andere Tätigkeit.

Konsequenz – oder manchmal zieht er halt ein bisschen

Manchen Hundebesitzern gelingt es sehr gut, Entschuldigungen dafür zu finden, warum ihr Hund an der Leine zieht. Er sei gerade nicht ausgelastet, in der Nachbarschaft wohne eine läufige Hündin, auf der Wiese warte sein Hundekumpan, man selbst sei müde oder habe einen anstrengenden Arbeitstag hinter sich usw. Natürlich können diese Umstände einen Einfluss haben, sollten jedoch nicht ständig als Ausrede

dafür herhalten, dass es mit der Leinenführigkeit nicht so recht klappen will.
Häufig mangelt es an Konsequenz, weil wir unaufmerksam sind und Situationen unterschiedlich bewerten. Aber warum ist das so schwer? Der Alltag ist nicht immer gleich, unsere Stimmung, unsere mentale Verfassung schwankt. Wir sind keine Roboter, die ohne Emotionen immer gleich reagieren. Ein Beispiel: Sie üben mit Ihrem Hund auf einem Spaziergang in verschiedenen Situationen das Gehen an der Leine. Sie beide sind konzentriert bei der Sache und es gelingt Ihnen ganz prima am Komposthaufen vorbeizugehen, die im Acker sitzenden Krähen nicht zu beachten und die Leine bleibt auch locker, als ein Fahrradfahrer vorbeifährt. Sie sind voll zufrieden mit Ihrem Hund und loben ihn im passenden Moment.
Am nächsten Tag gehen Sie wieder mit angeleintem Hund und Freundin spazieren. Sie sind ins Gespräch vertieft und beachten den Hund nur wenig. Er schnüffelt mal hier und mal da, bekommt ab und zu einen Ruck an der Leine, wenn er zurückbleibt oder zu weit nach vorne zieht. Manchmal loben Sie ihn, wenn er brav neben ihnen hergeht, dann wieder lassen Sie

Konsequenz: Die Regeln gelten auch bei einem gemeinsamen Spaziergang.

ihn einfach ziehen, weil es noch nicht so störend und Ihr Gespräch jetzt einfach interessanter ist. Ab und zu läuft er viele Meter gut an lockerer Leine mit, ohne dass Sie es bemerken. Was soll Ihr Hund davon halten? Dinge, die Ihnen noch gestern wichtig waren, scheinen heute nicht mehr zu gelten. Wofür er gestern gelobt wurde, wird heute nicht bemerkt.

Ihr Hund erkennt rasch, ob Sie wirklich hinter Ihren Erziehungsregeln stehen. Solange Sie unaufmerksam sind und es mit der Leinenführigkeit nicht so genau nehmen, können Sie nicht von Ihm erwarten, dass er in jeder Situation zuverlässig an lockerer Leine mitgeht. Woher soll er auch wissen, wann es Ihnen gerade besonders wichtig ist. Zum Trost sei Ihnen auf den Weg mitgegeben – konsequent sein fällt Profis genauso schwer. Sie bemerken nur vielleicht schneller, wenn sie in die Falle getappt sind.

Konsequent sein darf nicht mit Härte, Druck oder Strafe verwechselt werden. Und fehlt die Konsequenz, bedeutet das nicht automatisch, dass wir besonders nett sind zum Hund. Im Gegenteil, es ist eher unfair, denn es belässt ihn im Unklaren darüber, was wir von ihm erwarten. Dies erzeugt bei vielen Hunden Unsicherheit und führt dazu, dass sie immer wieder aufs Neue ausprobieren, was machbar wäre.

Konsequenz bedeutet für die Leinenführigkeit:

- Ziehen wird wahrgenommen und IMMER beanstandet.
- Lockeres Mitlaufen wird wahrgenommen und gelobt.

Dies gibt dem Hund Sicherheit und eine Art Grundgerüst vor, an das er sich halten kann. Er kann sich auf Sie und Ihre Reaktionen verlassen.

Ihre Körpersprache

Körpersprache ist für manche Hunde wichtiger als Worte, nur bemerken wir häufig nicht, wie stark unsere Hunde darauf achten und welchen Einfluss kleine, aber gezielte Gesten haben können. Wenn Sie ihm beispielsweise mit einer Handbewegung die Richtung anweisen können, müssen Sie ihn nicht mit der Leine dahinziehen. Körpersprache erspart ihnen nicht alle verbalen Signale, sie ersetzt kein Training oder macht aus einem an der Leine ziehenden Vierbeiner auf wundersame Weise einen perfekten Mitläufer. Eine gute körpersprachliche Kommunikation kann aber einen großen Anteil am Gelingen haben und Ihrem Hund Orientierung geben.

Es sind nicht nur die bewusst eingesetzten Gesten, auf die unsere Hunde reagieren. Man kann nicht nicht kommunizieren, Sie senden immer durch Haltung, Mimik und Bewegung bestimmte Signale aus. Ein gutes Beispiel dafür ist Ihre Atmung. Ruhiges gleichmäßiges Atmen beruhigt und hat entspannende Wirkung. Tiefes Einatmen und kurzes Luft-Anhalten vermittelt Anspannung. Es gibt ganz sicher den einen oder anderen Moment, in dem Sie unbewusst die Luft anhalten, sehr tief Atem holen oder

Sind wir ein Team? Zusammengehörigkeit durch Körper- und Blickkontakt.

unregelmäßig atmen. Ist Ihnen dann schon einmal aufgefallen, wie Ihr Hund darauf reagiert? Im günstigen Fall ist er nur etwas irritiert, es kann aber auch sein, dass er die dadurch ausgedrückte Anspannung sofort übernimmt.

Wenn Sie mit dem Hund über körpersprachliche Signale kommunizieren möchten, müssen Sie das vermutlich genauso üben, wie viele andere Dinge des Hundetrainings. Anfangs werden Ihre Zeichen sicher noch überdeutlich sein, weil Sie diese sehr bewusst ausführen. Im Laufe der Zeit reduzieren sich viele der Signale jedoch auf ein kaum sichtbares Minimum und sind dennoch voll wirksam. Suchen Sie sich einen Beobachter, der Ihnen Rückmeldung geben kann. Das hilft zu erkennen, auf welche Signale Ihr Hund am besten reagiert und welche Sie so rüberbringen können, dass sie für ihn stimmig sind. Denken Sie daran, dass häufig eine Kombination verschiedener Körpersignale stattfindet. Vielleicht verlangsamen Sie Ihren Gang vor dem Stehenbleiben, straffen Ihren Oberkörper, ehe Sie die Leine kürzer nehmen, gehen bereits dynamisch, wenn Sie nur daran denken, nun eine Richtungsweisung zu geben.

Zu den bewusst verwendeten körpersprachlichen Signalen gehören beispielsweise einladende Gesten zum Nachfolgen und Mitlaufen, richtungsweisendes Gehen und Zusammengehörigkeitsgesten. In den nachfolgenden Kapiteln finden Sie weitere Anregungen, wie Sie durch Ihr Verhalten und Ihre Körpersprache den Hund lenken können.

Einladung/Aufforderung zum Nachfolgen und Mitlaufen

Dies erleichtert nicht nur dem Leinenneuling das Erlernen, es signalisiert dem Hund, dass Sie mit ihm gemeinsam unterwegs sein wollen. Dabei geht es nicht um eine ganz spezielle Körperhaltung, die Sie nun unbedingt einnehmen sollten, sondern darum, grundsätzlich zu erkennen, welche Signale einladend und welche eher hemmend wirken. Wenn Sie sich klein machen, eine geringere Körperspannung haben, evtl. ein paar Schritte rückwärtsgehen oder sich ein wenig abwenden, ist dies eine Einladung zum Näherkommen. Das bedeutet aber nicht, dass Sie nun klein und buckelig gehen sollen. Diese Einladung gilt für den ersten Schritt: Sprechen Sie den Hund in entspannter Körperhaltung an, sobald Sie seine Aufmerksamkeit haben, richten sich Ihre Schultern und Ihr Blick in die Richtung, in die Sie gehen möchten – durch diese Körpersprache ziehen Sie den Hund quasi mit. Zwischendurch können Sie gerade beim Leinenneuling immer mal wieder anhalten, ihn einladen, dichter heranzukommen oder ein paar Schritte rückwärtsgehen und ihn dadurch animieren, wieder zu Ihnen aufzuschließen.
Aufmunterung: Wenn Sie leicht mit Ihrer Hand auf Ihren Oberschenkel klopfen und sich dabei vorwärts bewegen, ist das für viele Hunde eine Einladung näher heranzukommen bzw. schneller mitzulaufen. Klopfen Sie dabei immer z.B. an Ihr linkes Bein, lernt Ihr Hund mit der Zeit, dass er sich immer an dieser Körperseite annähern soll.

Einladende Handgeste: Strecken Sie Ihre offene Hand leicht dem Hund entgegen, dann bewegen Sie diese wieder zu sich heran, dabei öffnen und schließen Sie Ihre Finger. Sie ziehen quasi den Hund damit zu sich heran – natürlich ohne ihn anzufassen! Achten Sie dabei auf eine entspannte Körperhaltung und probieren Sie aus, wie viel Gestik passt. Für manchen Hund muss sie sehr sparsam ausfallen, um ihn nicht zu verunsichern.

Ab und zu kann es zu Missverständnissen kommen: manchmal wendet man sich zum Hund um, wenn dieser hinterher trödelt. Bleibt es bei einem kurzen Blick, ist das meist kein Problem. Ein deutliches Umwenden mit dem gesamten Oberkörper bedeutet für den Hund jedoch, Abstand zu halten. Wird dabei auch noch gelockt, weiß er gar nicht mehr, was er tun soll.

Richtungsweisendes Gehen

Sie müssen nicht den ganzen Spaziergang lang in exakter Haltung und zackig gehen. Sie werden aber feststellen: Wenn Ihre Haltung aufrechter wird, Ihr Gang zügiger und Sie ein klares Ziel vor Augen haben, wird auch Ihr Hund aufmerksamer auf Sie und es fällt ihm leichter, sich an Ihnen zu orientieren. Besonders hilfreich ist dies bei Begegnungen oder beim an der Leine ziehenden Vierbeiner. Sie vermitteln dadurch, dass Sie einen Plan haben, wissen, wohin Sie gehen wollen und dies auch zielstrebig verfolgen.

Machen Sie einmal folgendes Experiment – vielleicht nur in Gedanken, damit Ihr Hund nicht lernt, noch mehr zu ziehen. Was macht das Leineziehen Ihres Hundes mit Ihrer Körperhaltung? Mit großer Wahrscheinlichkeit gehen Ihr Blick und Ihre Laufrichtung ganz unbewusst in seine Richtung. Sein Fokus wird zu Ihrem! Der Hund wird automatisch weiter in diese Richtung streben, Sie kommen ja hinterher, wenn auch nicht ganz so schnell.

Und nun versuchen Sie es mal anders: Gehen Sie Ihr Tempo, mit aufrechter Körperhaltung und gleichmäßigem Gang. Schauen Sie in die Richtung, in die Sie gehen möchten. Notfalls fixieren Sie einen entfernten Baum oder einen Strommasten. Manchmal reichen nämlich schon Kleinigkeiten, um für den Hund klarer zu sein. Falls erforderlich, üben Sie das gezielte Gehen erst mal ohne Hund: Fixieren Sie einen markanten Punkt in der Ferne (Baum, Pfosten o.Ä.) und gehen geradewegs darauf zu. Sprechen Sie mit Ihrem Körper: Legen Sie Ihren Fokus durch Blick, Körperausrichtung und Bewegung in die Richtung, in die **Sie** gehen möchten. Drehen Sie beim Gehen die Handflächen nach vorne, der Daumen zeigt nach außen. Bemerken Sie, dass dadurch fast automatisch die Schultern gerader und die Haltung aufrechter wird?

Zusammengehörigkeitsgesten

Manche Hunde benötigen in aufregenden, stressigen Momenten oder auch einfach mal so zwischendurch eine Zusammengehörigkeitsgeste, eine Art Rückversicherung zum Sozialpartner, um sich wohl zu fühlen.

Hand anstupsen: Unter Hunden ist ein kurzes Anstupsen des anderen z.B. im Lefzenbereich eine Zusammengehörigkeitsgeste – sofern sie mit entspannter Körperhaltung ausgeführt wird. Diese Geste kann in abgewandelter Form auch zwischen Hund und Mensch stattfinden. Halten Sie (in einem entspannten Moment) Ihre offene Handfläche ganz locker dem Hund entgegen, vermutlich wird er aus reinem Interesse mit seiner Nase daran stupsen. Dies quittieren Sie mit leisem Wohlwollen, beispielsweise einem gemurmelten Lob. Er darf an Ihrer Hand schnuppern, kurz Kontakt halten, dann

Ein Zeichen großer Vertrautheit, die diesen beiden nach einem aufregenden Spaziergang guttut.

nehmen Sie die Hand mit einer ruhigen Bewegung wieder weg. Wenn Sie diese Geste immer mal wieder in ruhigen Momenten anbieten, kann sie für den Hund mit der Zeit zu einer Art Zusammengehörigkeitsgeste werden.

Anlehnen: Wenn Ihrem Hund Körperkontakt guttut, um wieder ruhiger zu werden und »aufzutanken«, dann geben Sie ihm dieses Gefühl der Zusammengehörigkeit, ohne ihn dadurch in Aufregung oder Unruhe zu bestätigen. Kein hektisches Streicheln oder Ansprechen, bleiben Sie ruhig stehen oder setzen Sie sich hin, der Hund darf sich dicht neben Sie setzen und sich anlehnen.

Trainingsaufbau

Betrachten Sie die Leinenführigkeit nicht als Pflichtaufgabe, die in einem bestimmten Zeitrahmen gelingen muss. Dies erzeugt Anspannung bei Hund und Mensch – ob man will oder nicht – und erschwert das Lernen. Erhalten Sie sich und Ihrem Hund die Freude am gemeinsamen Tun, egal wie schnell oder langsam sich Erfolge zeigen. Freuen Sie sich über jede noch so kleine Strecke, die Sie gemeinsam an lockerer Leine zurücklegen. Sie werden sehen, diese Strecken werden länger.

Die passende Ausrüstung

Ob ein Hund am Geschirr oder Halsband geführt wird, ist schon fast eine Weltanschauung. An beiden kann der Hund lernen, locker an der Leine zu gehen. Und beide können Schaden anrichten, wenn unreflektiert oder gar unbeherrscht damit umgegangen wird. Wichtige Kriterien für uns sind die sichere Kontrollierbarkeit, auch in schwierigen Situationen, und das Wohlbefinden des Hundes.

Ein am Halsband geführter Hund lässt sich meist leichter in die gewünschte Richtung lenken. Am Geschirr ist es oft nicht so einfach, den Hund zu einem Richtungswechsel zu bewegen. Je weiter hinten die Leine eingehängt wird, desto schwieriger wird es.

Einigen Hunden gelingt es, sich auch aus eigentlich gut sitzenden Halsbändern und Geschirren herauszuwinden. Besonders problematisch kann das bei Angsthunden werden, die sich oftmals kaum mehr einfangen lassen, sobald sie sich befreit haben. Wenn Sie auf Nummer sicher gehen wollen, verwenden Sie ein Sicherheitsgeschirr oder kombinieren Sie ein gut sitzendes Geschirr und ein (Zugstopp)halsband. Geführt wird der Hund dann am besten an einer Leine mit zwei Karabinern, wobei Sie ihn überwiegend mit der »Geschirrleine« lenken.

Vierbeiner mit Wirbelsäulenproblematik oder Erkrankungen im Halsbereich tragen besser ein Geschirr, ebenso sehr kleine Hunde mit kurzem Hals oder sensiblem Halsbereich.

Halsbänder

Ob Sie ein Halsband zum Verschnallen wählen oder ein Zughalsband mit Stopp, ist Geschmacksache. Wichtig ist, dass es gut, d.h. im mittleren Halsbereich sitzt. So liegt es auf der – in der Regel – kräftigen Halsmuskulatur und drückt nicht auf den Kehlkopf.

Unangenehm und auch gesundheitsschädigend wird es, wenn ein dünnes Halsband oben am Hundehals, direkt unter den Ohren angelegt wird und damit ein Zug oder Ruck ausgeübt wird.

Ein gut sitzendes Zugstopphalsband ist mit die sicherste Methode, um zu verhindern, dass sich ein Hund »ausziehen« kann, ohne ihn dabei unnötig einzuengen. Es ist so gearbeitet, dass es sich bei Bedarf ein Stück weit zusammenzieht, den Hund dabei jedoch nicht würgt.

Ein gutes Halsband sollte

- weich bzw. gepolstert sein und gut sitzen, so dass der Hund es nicht abstreifen kann. Achtung: Manche Materialien weiten sich in nassem Zustand.
- nicht einengen oder drücken, egal in welcher Position sich der Hund gerade befindet (z.B. liegt und sich einkringelt).
- eine entsprechende Breite aufweisen, damit sich der Druck möglichst gut verteilt.
- einen stabilen Verschluss haben, der nicht zu klobig ist und keinesfalls drückt.

Geschirre

Das häufig vorgebrachte Argument, Geschirre wären für den Hund gesünder und schonender als Halsbänder, ist auf den ersten Blick einleuchtend. Aber – es gibt mehr schlecht sitzende Geschirre als Halsbänder. Manchmal muss man je nach Hundeanatomie etwas probieren, bis man eine Führmöglichkeit gefunden hat, die von der Passform her gut für den Hund geeignet ist und mit der er sich wohlfühlt. Probieren Sie auch aus, mit welchem Aufwand sich ein Geschirr anziehen lässt und wie Ihr Hund darauf reagiert. Dem einen ist es unangenehm, wenn etwas über den Kopf gestreift werden soll, dem anderen, wenn Sie unter seinem Bauch nach dem Verschluss fummeln oder er jedes Mal seine Beine anheben muss, um in das Geschirr zu steigen. Natürlich kann dies trainiert werden, wenn sich eben diese Passform ansonsten als gut erweist. Haben Sie Alternativen, wählen Sie das Geschirr, welches beim An- und Ausziehen unproblematisch ist.

Ein gutes Geschirr

- darf weder zu lose noch zu eng anliegen und an keiner Stelle scheuern oder drücken, vor allem nicht in den empfindlichen Achselbeugen.
- muss Bewegungsfreiheit gewährleisten, vor allem im Schulterbereich, und darf die Atmung nicht beeinträchtigen, auch wenn der Hund schneller läuft oder aufgeregt ist.
- sollte luftdurchlässig sein und schnell trocknen, wenn es einmal nass geworden ist. Viele Geschirre haben inzwischen extrem breite, z.T. mit Neopren oder anderem Gewebe unterlegte Gurte. Sie sind zwar bequem, Fell und Haut trocknen darunter aber oft schlecht ab, was zu Entzündungen führen kann. Solche Geschirre sollten unbedingt nach jedem Spaziergang ausgezogen werden.

Leinen

Achten Sie bei der Leine auf eine solide Verarbeitung und einen stabilen Karabiner, das Material ist Geschmackssache.
Sie brauchen eine Leine, die Ihnen gut in der Hand liegt und eine zu Ihrer Körpergröße und Ihrem Hund passende Länge hat. Ist die Leine zu lang, wird das Handling schwierig, oder das zu lange Leinenende schwingt ständig vor dem Hundekopf hin und her. Eine zu kurze Leine lässt vor allem beim Richtungswechsel kaum Spielraum und ist schon gespannt, wenn Sie nur eine ungeschickte Körperbewegung machen.
Für den Freilauf an der Leine benötigen Sie mehr Länge. Hier können Sie entweder die Führleine

Eine stark durchhängende Leine oder Leinenschlingen irritieren manchen Hund. Dieser Vierbeiner geht dennoch vorbildlich und mit Bedacht hinter seiner Besitzerin.

einfach länger lassen oder eine »lange Leine« verwenden. Dafür empfehlen wir ein leichtes, aber stabiles Material, das sich gut abwischen lässt, falls die Leine über den Boden schleift. Ausziehleinen werden gerne verwendet, haben jedoch einige Nachteile. Zum einen muss der Hund immer ein wenig ziehen, was eigentlich vermieden werden soll und der Leinenführigkeit im Wege steht. Zum anderen besteht der ausziehbare Leinenteil meist aus einem dünnen Seil, welches für andere teilweise schlecht erkennbar ist und so zur Stolperfalle werden kann.

Gewöhnung an Leine und Co.

Den Hund an die Leine zu nehmen ist für die meisten Hundebesitzer so normal, dass man darüber gar nicht nachdenkt. Gehen Sie beim An- und Ausziehen des Halsbands rücksichtsvoll vor. Hunde, die kein Halsband gewöhnt sind, kratzen sich oft ausdauernd. Am besten ignorieren Sie das Kratzen oder lenken den Hund ab. Wenn Sie ihm ein leichtes Halsband oder Geschirr zum Beispiel kurz vor der Fütterung anlegen oder zur Schmusestunde, ist er durch diese angenehmen Dinge abgelenkt und vergisst das leichte Unbehagen.

Wenn Ihr Hund verunsichert reagiert, versuchen Sie immer, den Grund dafür zu finden und zu erkennen, an welcher Stelle die Verunsicherung beginnt. Hier ein paar Punkte, auf die Sie achten könnten:

- Nähern Sie sich von der Seite oder gehen Sie in die Hocke. Vielen Hunden ist es unangenehm, wenn der Mensch frontal auf sie zugeht oder sich über sie beugt.
- Sprechen Sie den Hund vor dem »Anziehen« an. Überfallen Sie ihn nicht damit, er braucht vielleicht Ihre Vorankündigung, damit er sich darauf einstellen kann.
- Lassen Sie sich Zeit, fummeln Sie nicht hektisch herum, sondern bewegen Sie sich ruhig und bedächtig, aber nicht auffallend langsam oder angespannt. Dies empfinden manche Hunde schon wieder als verdächtig.
- Falls erforderlich, besorgen Sie sich ein Halsband bzw. Geschirr, das sich leicht und ohne großen Aufwand anziehen lässt.
- Belohnen und loben Sie Ihren Hund mit ruhigen Worten, wenn er das Anziehen toleriert.

Erst wenn der Hund Halsband oder Geschirr toleriert, folgt die Leine. Alleine die Tatsache, dass etwas an ihm dran hängt, ist für manchen Hund irritierend. Beginnen Sie mit einer leichten Leine und begleiten Sie den Hund daran. Dann locken Sie ihn ein wenig mit. Dies geschieht durch Stimme und freundliche Körperhaltung. Die Leine muss dabei immer genügend Bewegungsspielraum gewähren, der Hund soll sich aber nicht verwickeln oder dazu verlockt werden, mit den herunterhängenden Leinenschlingen zu spielen.

Übung: Angeleint bei Ihnen

Der Hund soll sich wohlfühlen, wenn er angeleint bei Ihnen ist. Ein gutes Gefühl und Interesse an Ihnen erreichen Sie nicht unbedingt durch actionreiches Spielen. Viele Vierbeiner hopsen dadurch aufgeregt umher und ziehen dabei fast automatisch auch an einer etwas längeren Leine. Unser Ziel ist jedoch entspanntes und gelassenes Verhalten an der Leine.

Überlegen Sie, was für Ihren Hund schön sein kann und was sich gemeinsam an der Leine verwirklichen lässt. Hier ein paar Beispiele, die Sie sowohl zuhause als auch unterwegs machen können. Die Leine sollte dabei immer ausreichend lang sein, damit der Hund auch bei weiten Bewegungen keinen Zug verspürt:

- Kuscheln Sie mit Ihrem Hund oder füttern Sie ihn mit ein paar Lieblings-Leckerli, während er Halsband/Geschirr und Leine trägt.
- Geben Sie ihm sein Lieblingsspielzeug, welches er suchen oder tragen kann. Bleiben Sie beim Spiel im Leinenradius.
- Untersuchen Sie gemeinsam eine interessante Stelle, das kann ein Grasbüschel oder Laubhaufen unterwegs sein oder daheim der Karton mit darunter verstecktem Leckerchen. Gehen Sie mit dem angeleinten Hund darauf zu, allerdings nur auf sehr kurze Distanz – damit er auf dem Weg dorthin nicht zieht, hocken Sie sich hin und beschäftigen sich in aller Ruhe damit. Helfen Sie beispielsweise dem Hund, den Karton wegzuschieben, wühlen Sie ein wenig im Laub, nehmen Sie den Tannenzapfen in die Hand und begutachten ihn.

Leinenführigkeit und Alltag

Ideal wäre natürlich, wenn Sie von Anfang an immer auf ein Gehen an lockerer Leine achten könnten. Dies ist in der Praxis jedoch nicht einfach umzusetzen. Wenn Sie in einem Wohnumfeld leben, das es erlaubt, den Hund ohne Gefahr schon ab der Haustüre frei laufen zu lassen, ist es evtl. möglich, ihn nur zu den Übungen anzuleinen. Doch so ideal wohnen nur wenige. Nebenbei bemerkt, ein solches Wohnumfeld hat auch Nachteile. Es verleitet dazu, den Hund überwiegend frei laufen zu lassen und die Leinenführigkeit zu vernachlässigen. Manche Teams haben dadurch schlichtweg zu wenig Übungsmöglichkeit und es ist ungewohnt für beide, wenn Leinenführigkeit nötig ist.

Übergangslösung, solange der Hund noch lernt

In der Regel wird das Erlernen der Leinenführigkeit in den normalen Spaziergang integriert. Deshalb brauchen Sie eine Lösung für Strecken, welche der Hund noch nicht an lockerer Leine bewältigen kann. Am einfachsten ist es, wenn der Hund hierfür Geschirr und Halsband gleichzeitig trägt. Dann können Sie Geschirr und längere Leine verwenden, wenn der Hund nicht im Übungsmodus ist. Wird der Hund ausschließlich am Geschirr geführt, bieten einige Modelle, die Möglichkeit, die Leine an unterschiedlichen Stellen einzuhaken. Rechnen Sie aber damit, dass der Hund in diesen Situationen ziehen wird, weil er es einfach noch nicht anders kann.

Für das Üben der Leinenführigkeit wird die Leine am Halsband bzw. an einem anderen Geschirr-Ring eingehakt.

Welches Umfeld ist für Sie heute das Richtige? Im Wohngebiet finden sich mit Sicherheit zahlreiche Übungsvarianten auf kleinem Raum.

Auf dem abgelegenen Feldweg gibt es wahrscheinlich weniger optische Ablenkung, dafür aber viele interessante Gerüche.

Am besten überlegen Sie sich bereits vor dem Spaziergang, ob und wo Sie heute üben möchten, wie Sie dahin kommen und was Ihnen dabei begegnen könnte

- Welche Strecken eignen sich grundsätzlich zum Üben? Wählen Sie zunächst ein ruhiges, ablenkungsfreies Umfeld. Wie wenig Ablenkung Hund und Mensch benötigen, um konzentriert arbeiten zu können, ist sehr unterschiedlich.
- Welchen Weg nehmen Sie dahin, zu welcher Tageszeit sind Sie unterwegs, welche Ablenkungen könnten Ihnen begegnen? In welchen dieser Situationen könnten Sie bereits an der Leinenführigkeit üben und in welchen verwenden Sie die Übergangslösung?
- Wie zügig erreichen Sie ein Gelände, auf dem der Hund entweder abgeleint werden kann oder an längerer Leine laufen darf?

Setzen Sie sich kleine Zwischenziele, die mit großer Wahrscheinlichkeit auch gelingen, das motiviert zum Weitermachen. Beispiel: Eine bestimmte Wegstrecke ohne Ablenkungen, die paar Meter von der Freilaufwiese nach Hause, die kleine Abendrunde zum Briefkasten usw.

Besonderheit Umweltgewöhnung

Ein Welpe oder auch ein älterer Neuankömmling hat zunächst einmal ganz andere Bedürfnisse, als an lockerer Leine zu gehen. Er muss sein neues Lebensumfeld kennen lernen. So vieles ist interessant oder beängstigend und er benötigt oft seine ganze Aufmerksamkeit, um sich damit auseinanderzusetzen. Vor manchem weicht er vielleicht etwas zurück, anderes interessiert ihn. Lassen Sie dem Hund Zeit, sich mit all dem Neuen vertraut zu machen, es anzuschauen oder zu beschnuppern. Am besten ist es, wenn der Hund seine Umwelt unangeleint erkunden darf, oder wenn es die Wohnverhältnisse nötig machen, an Geschirr und längerer Leine, damit auch plötzliche Ausweichbewegungen nicht zum Leinenruck führen. Nützen Sie für Ihre Umweltspaziergänge Wege, die Ausweichmöglichkeiten zulassen. Bleiben Sie ab und an stehen oder setzen Sie sich an den Rand eines stärker frequentierten Gebiets, damit der Hund in Ruhe unterschiedliche Wahrnehmungen machen kann. Anfangs dauert ein solcher Gang auch nur wenige Minuten und Sie kommen vielleicht nicht einmal hundert Meter weit, der Welpe oder neu ins Umfeld gekommene Vierbeiner hat jedoch einen aufregenden Ausflug hinter sich.
Umwelterkundung und Erlernen der Leinenführigkeit sind zwei völlig unterschiedliche Dinge. Natürlich können Sie zunehmend bei einem Spaziergang beide Elemente einbauen. Der Hund muss aber immer genau erkennen, wann Übung angesagt ist und wann er seinen eigenen Bedürfnissen nachgehen kann.

Tagesform und Stimmung

Auch Hunde haben Tage, an denen sie nicht so belastbar sind – psychisch und physisch. Gerade junge Hunde sind oft sehr mit ihrer körperlichen und mentalen Entwicklung beschäftigt, dass zu manchen Zeiten kaum noch Raum für andere Dinge bleibt. Passen Sie das Vorgehen an die Tagesform Ihres Hundes an. Vielleicht kann er an einem Tag etwas länger oder eine schwierigere Strecke gut an der Leine gehen, an einem anderen werden Sie die Strecke kürzer halten.

Wenn der Erregungszustand des Hundes bereits beim Verlassen der Wohnung oder Aussteigen aus dem Auto recht hoch ist, sind dies eher schlechte Lernbedingungen. Er wird diese

Eine entspannte Pause etwas abseits lässt dem Hund die Chance, Eindrücke zu verarbeiten.

Erregung erst einmal abbauen müssen und sich deshalb nur schwer auf das Training konzentrieren können. Entscheiden Sie, ob Sie in dieser Situation auf ein Gehen an lockerer Leine bestehen, oder ob Sie ihn zunächst an längerer Leine führen. Wenn er sich dann beispielsweise gelöst hat und die Anspannung etwas nachlässt, kann man mit dem Üben anfangen.

Übung: Ruhig aus dem Haus gehen

Ist Ihr Hund allerdings immer ganz aufgeregt und kaum zu kontrollieren, wenn Sie nur die Schuhe anziehen und die Leine vom Haken nehmen, sollten Sie mit ihm zunächst das ruhige Abwarten, Anleinen und Aus-dem-Haus-Gehen üben. Dabei ist es wichtig, dass Sie sehr gelassen agieren und sich nicht durch das Herumhüpfen und Jaulen des Hundes irritieren lassen. Beginnen Sie mit dem Üben nicht gerade dann, wenn der Hund dringend muss oder Sie nur wenig Zeit haben.

Entschärfen Sie die Aufbruch-Signale: Ziehen Sie beispielsweise die Schuhe/Jacke an, nehmen den Schlüssel in die Hand oder greifen nach der Leine, ohne direkt nach draußen zu gehen. Wird der Hund dabei nur leicht unruhig, beachten Sie ihn nicht weiter. Legen Sie den Schlüssel wieder hin oder setzen Sie sich kurz an den Küchentisch. Nach ein paar Minuten versuchen Sie es erneut. Reagiert der Hund mit großer Unruhe, üben Sie erst einmal mit dem Aufbruch-Signal, das für den Hund am wenigsten wichtig ist.

Rituale beim Anziehen: Ihr Welpe oder Junghund lernt, sich für einen kurzen Moment ruhig hinzustellen oder zu setzen, bis Sie ihm ohne Hast Halsband oder Geschirr angezogen haben bzw. selbst in die Jacke geschlüpft sind.
Dem heranwachsenden, älteren Hund können Sie beibringen, sich in der Diele hinzusetzen oder zu legen. Evtl. üben Sie diesen Lernschritt erst einmal, ohne sich zum Spaziergang fertig zu machen oder nach draußen zu gehen. In weiteren Schritten lernt er ruhig zu warten, bis Sie gerüstet sind und ihn angeleint haben. Vergessen Sie das Loben nicht, wenn der Hund ruhig bleiben kann.

Keine Hektik beim Verlassen der Wohnung: Lassen Sie den Vierbeiner vor der Wohnungstüre absitzen, ehe Sie sie öffnen und nach draußen gehen.
Eine andere Möglichkeit ist, dass der Hund lernt: Türe öffnen bedeutet nicht, dass er sich mit durchquetschen oder nach draußen stürmen soll. Dies können Sie auch gut unabhängig vom Spaziergang üben. Gehen Sie zur Türe, Ihr Hund wird vermutlich sogleich herbeikommen. Bleiben Sie dicht vor der Türe stehen, schauen Sie den Hund dabei möglichst nicht direkt an. Warten Sie ab, bis der Hund für seine Verhältnisse ruhig ist oder evtl. sogar wieder einen Schritt zurückgeht. Dann öffnen Sie die Türe, gehen hindurch und der Vierbeiner darf nachkommen. Führt Ihre Türe direkt ins Freie oder das Treppenhaus eines Mehrfamilienhauses, sichern Sie den Hund immer mit der Leine.
Manchen Hunden hilft es, wenn sie nach dem Anleinen zunächst eine kleine Runde durch die Wohnung gehen und dann erst zur Türe.
Wenn für den Hund Spaziergänge immer eine aufregende Sache sind und er bereits ab der Haustüre zu ziehen beginnt, empfiehlt sich

Leinenführigkeit beginnt schon vor dem Spaziergang: Ruhiges Warten an der Wohnungstüre ...

zusätzlich die Übung: An der Leine sein ist langweilig (s. Kapitel 3).

Trainingsaufbau für Welpen und Leinen-Neulinge

Bereits beim Welpen können Sie, im Rahmen seiner Möglichkeiten, einen guten Grundstein für die Leinenführigkeit legen. Berücksichtigen Sie hier besonders seine sehr kurze Konzentrationsspanne und die leichte Ablenkbarkeit.
Auch der ältere Hund, der neu zu Ihnen gekommen ist und mit dem Gehen an der

… und entspanntes Anleinen im Auto schaffen gute Voraussetzungen.

Leine noch nicht so vertraut ist, profitiert von einem stufenweisen Aufbau und kleinen Lernschritten.

Vorübung zur Leinenführigkeit: Signal »Achte auf mich«

Diese Übung lässt sich gut im Garten, einem abgeschlossenen Hof/Parkplatz oder einer einsam gelegenen Wiese durchführen. Überlegen Sie ein Signal, das zukünftig Ihr Achte-auf-mich-Signal wird. Es handelt sich dabei keinesfalls um eine laute Anweisung, das Signal soll den Hund einfach daran erinnern, sich auf Sie zu besinnen. Gut geeignet sind kurze, einfache Signale, die leise und ruhig gegeben werden können. z.B. »Heee«, »eeiii«, oder ein Schnalz-/Pfeif-Geräusch.

Übung:

Der unangeleinte Hund bewegt sich mit Ihnen auf dem Gelände. Nach ein paar Schritten machen Sie Ihr »Achte-auf-mich-Geräusch«. Wendet sich der Hund daraufhin Ihnen zu, loben Sie ihn und er bekommt eine Belohnung. Danach gehen Sie wieder ein paar Schritte und wiederholen das Ganze.

In diesem ersten Übungsschritt lernt der Hund: das Signal bedeutet etwas Erfreuliches. Lob und Leckerchen erhält er, wenn er sich nach Wahrnehmen des Geräusches in Ihre Richtung orientiert.

Im 2. Schritt lernt er, dass er nach Ertönen des Signals auf Sie achten und Ihnen nachfolgen muss, um Lob und Leckerchen zu erhalten. Dazu beginnen Sie wieder mit Schritt eins. Ist der Hund nach dem Achte-auf-mich-Signal bei Ihnen, loben Sie ihn und gehen weiter. Nach 2–3 Schritten wechseln Sie die Richtung, Ihr Signal erfolgt kurz, spätestens in dem Moment, in dem Sie die Richtung wechseln. Bleibt der Hund an Ihnen dran, wird er natürlich gelobt und erhält eine Belohnung. Wiederholen Sie auch diese Übung drei- oder viermal hintereinander.
In weiteren Übungsschritten verlängern Sie zunehmend die Geh-Strecke, bauen Richtungswechsel ein oder verändern das Tempo. Ihr Signal erfolgt stets dann, wenn Sie Richtung oder Tempo wechseln und ab und an auf einer längeren Geraden, um das Interesse Ihres mitgehenden Vierbeiners aufrechtzuerhalten.

Natürlich wird der Hund jedes Mal gelobt, wenn er zu Ihnen aufschließt und mitläuft.

Wichtig:

- Der Hund soll aufmerksam sein, aber keinesfalls hektisch werden. Hüpft er aufgeregt um Sie herum oder giert ständig nach Bestätigung und Leckerchen – gehen Sie langsamer, verwenden Sie ein weniger spannendes Leckerchen, sprechen Sie das Lob mit ruhiger Stimme, versuchen Sie eine entspannte Körperhaltung.
- Machen Sie nicht den Fehler, den abgelenkten oder nicht mitlaufenden Hund durch ständige Aufmerksamkeits-Signale doch noch aufmerksam zu bekommen. Besser ist es, die Übung kürzer und das Umfeld uninteressanter zu halten. Sie machen das Angebot, schaffen gute Lernbedingungen – tun muss es der Hund.
- Schätzen Sie die Konzentrationsfähigkeit des Hundes realistisch ein, sie variiert je nach Alter, Tagesform oder Stresslevel. Drei bis vier Übungsdurchgänge pro Übungseinheit reichen. Verteilen Sie die Übungsschritte auf mehrere Tage.
- Machen Sie diese Übung auch später immer mal wieder zwischendurch, um den Hund daran zu erinnern, dass es sich lohnt, auf Sie zu achten.

Erster Schritt zur Leinenführigkeit: Erwünschtes Verhalten belohnen

Das erwünschte Verhalten ist Ihr in Kapitel Eins definiertes Ziel für lockere Leine. Um dieses Verhalten belohnen zu können, müssen Sie zuerst erreichen, dass der Hund es zeigt.

Möglichkeit 1

Mit der Übung »Achte-auf-mich«, haben Sie bereits eine gute Vorarbeit geleistet, die Sie nun angeleint weiterführen, sobald sich der Hund an die Leine gewöhnt hat.

Nehmen Sie ihn an eine 2–3-Meter-Leine, geben das Achte-auf-mich-Signal, loben den Kleinen kurz für seine Aufmerksamkeit und gehen langsam aber bewusst los. Ihr Körper und Blick zeigt in die Richtung, in die Sie gehen möchten. Während der Hund, auch nur wenige Meter, mit Ihnen geht, wird er gelobt.

Will er in eine andere Richtung, bleiben Sie stehen und halten die Leine ruhig. Warten Sie, bis Ihr Hund anhält, meist macht er einen kleinen Schritt zurück oder schaut Sie an. Dann folgt Ihr »Achte-Signal« und Sie gehen in Ihre Richtung weiter. Bleibt der Hund zurück, locken Sie ihn mit Stimme und einladender Körperhaltung weiter, evtl. gehen Sie dazu erst einige Schritte rückwärts. Wenn der junge Hund dann zu Ihnen aufschließt, loben Sie ihn und gehen wieder vorwärts weiter.

Wichtig

- Loben Sie zum richtigen Zeitpunkt und mit der passenden Intensität, wenn der Hund sich in der gewünschten Position und an lockerer Leine neben Ihnen befindet – vor allem aber, loben Sie! Es muss sich für den Hund lohnen, an lockerer Leine zu gehen und den Kontakt zu Ihnen zu halten, nur dann wird er dieses Verhalten immer öfters von sich aus anbieten.
- Anfangs wird der Hund das erwünschte Verhalten noch nicht so häufig zeigen. Da fällt es manchen Hundebesitzern schwer, ruhig auf den richtigen Moment zu warten. Sie belohnen dann oft schon ein Verhalten, das so ähnlich ist, aber eben doch ein leichtes Leineziehen beinhaltet.
- Oft läuft der Hund nur für einen kurzen Moment locker mit. Wenn Sie dies nicht oder nur sehr verzögert registrieren, kommt Ihr Lob ebenfalls nicht zum richtigen Zeitpunkt oder unterbleibt ganz.

Möglichkeit 2:
Sie können nachhelfen und die Wahrscheinlichkeit steigern, dass Ihr Hund das erwünschte Verhalten zeigt. Ein beliebtes Hilfsmittel dazu ist das Leckerchen: Nehmen Sie ein kleines Leckerchen in die Hand, halten es dem Hund mehr oder weniger vor die Nase und gehen los. Der Hund will es erreichen und geht mit. Für viele Hundehalter ist dies ein gängiges Vorgehen, es hat aber ein paar Nachteile, die Sie beachten sollten.

Wichtig:

- Durch das Locken mit Futter bringen Sie den Hund zwar recht schnell dazu, neben Ihnen herzulaufen und rein technisch gesehen ist es das, was Sie wollen. Aber erkennt das Ihr Hund genauso? Vielleicht ist er sich dessen nicht bewusst, weil sein Fokus auf das Leckerchen gerichtet ist.
- Sie müssen beim Loben in noch größerem Maße auf das richtige Timing achten, damit Ihr Hund bemerken kann, für welches Verhalten er belohnt wird. Solange er damit beschäftigt ist, das leckere Futter zu erreichen, würden Sie ihn nicht für das gute Gehen neben Ihnen belohnen, sondern für seine Gier nach dem Leckerchen.
  Warten Sie also bewusst ab, bis sein Fokus für einen kurzen Moment auf dem Mitgehen an lockerer Leine liegt und nicht auf dem Erreichen des Leckerchens, erst dann wird er belohnt.
- Versuchen Sie, das Lockmittel möglichst rasch wieder abzubauen. Halten Sie zunehmend das Leckerchen beim Gehen nicht mehr direkt vor die Hundenase, sondern in Ihrer geschlossenen Hand, oder das Futter kommt in Ihre Jackentasche.

Haben Sie Geduld, nicht immer versteht der Hund auf Anhieb, was Sie von ihm möchten. Anfangs kann er vielleicht auch nur für einen kurzen Moment an lockerer Leine mitgehen.

- Weil der Hund bei dieser Vorgehensweise dicht neben Ihnen geht, darf es trotzdem nicht mit »Fußgehen« verwechselt werden.

Die nächsten Schritte: Verhalten festigen

Verlängern Sie die Gehstrecke. Bei jedem Richtungswechsel geben Sie Ihr »Achte-auf-mich-Signal« und gehen wie selbstverständlich in die angedachte Richtung weiter. Ändern Sie aber nicht zu abrupt die Richtung, gerade junge Hunde sind oft nicht so schnell oder auch motorisch noch nicht so geschickt. Gehen Sie ab und zu um etwas herum oder einen Kreis, bleiben Sie stehen oder wechseln Sie das Tempo. Anfangs loben Sie Ihren Hund für wenige Schritte, die er an lockerer Leine neben Ihnen gegangen ist. Zunehmend kann der Hund die gewünschte Leistung immer etwas länger zeigen, ehe Sie loben. Der Hund soll ja später nicht nur kurz mal an lockerer Leine nebenher gehen, sondern diese Position für einen längeren Zeitraum beibehalten.

Wichtig

- Reduzieren Sie Ihr Lob nicht zu früh oder hören gar ganz damit auf, nur weil Ihr Hund jetzt an lockerer Leine geht. Er benötigt nach wie vor die Bestätigung, dass Sie mit seinem Verhalten zufrieden sind.
- Wenn er das Prinzip des Mitgehens verstanden hat, muss er jedoch nicht mehr ständig ein Leckerchen erhalten, sondern wird durch Ihr verbales Lob ausreichend bestätigt.
- Dennoch freut sich Ihr Hund ab und an über eine Belohnung, auch wenn er seine Aufgabe schon sehr gut meistert. Ein Verhalten, welches nicht immer mal wieder zwischendurch belohnt wird, lohnt sich nicht mehr für den Hund, und er wird nach und nach aufhören, es zu zeigen.

Wenn der Hund immer häufiger von alleine in der gewünschten Position bzw. ohne an der Leine zu ziehen mitläuft, können Sie das dazugehörige Signal hinzufügen. Und zwar immer genau dann, wenn der Hund sich wie gewünscht verhält. So kann er nach und nach das Signal mit seinem Tun verknüpfen.

Ruhiges An- und Ableinen

Für viele Halter und ihre Hunde ist das Ableinen zum Freilauf das Highlight des Spaziergangs. Viele Hunde sind aufgeregt, wenn Sie am üblichen Freilaufgelände angekommen sind. Halten Sie deshalb das Ableinen bewusst ruhig. Sprechen Sie den Hund an, ehe Sie ihn ableinen. Ist der Karabiner gelöst, soll der Hund nicht gleich losstarten. Für das ruhige kurze Verweilen bei Ihnen loben Sie ihn und geben ihm ein Leckerchen. Geben Sie dann Ihr Signal für den Freilauf nicht wie ein Anfeuerungskommando, sondern eher ruhig und gemessen.

Wenn Anleinen für den Hund immer das Ende der Freiheit bedeutet, wird er unter Umständen langsamer zurückkommen oder gar ausweichen. Anleinen darf niemals als Strafe verwendet werden. Natürlich können Sie Ihren nicht gehorchenden Hund aus Sicherheitsgründen an die Leine nehmen, aber Freiheitsentzug alleine wird das Erziehungsproblem nicht lösen.

Damit Anleinen ganz selbstverständlich wird und der Hund es nicht mit dem Ende seiner Freiheit verbindet:

- Leinen Sie Ihren Hund beim Spaziergang immer mal wieder an, auch wenn es keine besondere Notwendigkeit dafür gibt.
- Rufen Sie ihn draußen zu sich – loben fürs Herankommen nicht vergessen – leinen ihn kurz an, dann geben Sie ihn wieder frei.
- Ab und zu könnten Sie nach dem Herrufen und Anleinen eine kleine Übung durchführen und danach den Hund wieder freigeben.

Auf welcher Seite soll Ihr Hund gehen?

Auf manchen Wegen stört es Sie vielleicht nicht, wenn er ab und zu von rechts nach links wechselt. Auf anderen Strecken, wenn Sie in Begleitung unterwegs sind oder mehrere Hunde führen, ist ein ständiger Seitenwechsel recht mühsam.

Anleinen darf keine Strafe sein und das Lösen des Karabiners nicht das Startsignal zum Losrennen.

Übung: Bleib auf deiner Seite

Für viele Hunde reicht hier die Gewohnheit aus: Sie beginnen die Leinenführigkeit immer aus der gleichen Position und halten die Leine stets gleich. Für welche Seite Sie sich dabei entscheiden, bleibt Ihnen überlassen.

Andere benötigen etwas mehr Hilfestellung: Führen Sie den Hund an der Seite, auf welcher er bleiben soll. Reduzieren Sie anfangs die Leinenlänge, damit Sie zügig eingreifen können. Versucht er nun die Seite zu wechseln, halten Sie ihn zum einen mit der Leine zurück, gleichzeitig begrenzen Sie seinen Raum und geben ihm keine Möglichkeit, auf die andere Seite zu gelangen. Dazu können Sie ihn mit einer Armbewegung wieder zurückschicken, mit dem Bein etwas abdrängen oder einen Schritt vor ihn machen. Loben Sie ihn, wenn er darauf reagiert und auf seiner Seite geht.

Vermutlich wird er bei anderer Gelegenheit wieder versuchen, die Seite zu wechseln. Wenn Sie dann aber jedes Mal handeln und ihn wieder auf seine Seite bringen, versteht er mit der Zeit, dass er grundsätzlich auf »seiner Seite« bleiben soll. Viele Hunde gehen dann auch weiterhin auf der ihnen zugedachten Seite, wenn die Leine wieder länger gelassen wird.

An der langen Leine – Begrenzter Freiraum

In manchen Phasen des Spaziergangs kann der Hund mehr Freiraum erhalten, es ist jedoch nicht immer möglich ihn abzuleinen. Also wird er dazu an einer etwas längeren Leine gehalten, die im Idealfall am Geschirr befestigt ist. Behalten Sie das Leinenende in der Hand und gewähren dem Hund je nach Bedarf den vollen Leinenspielraum oder Sie holen die Leine etwas ein. Probieren Sie aus, wie lang die Leine insgesamt sein darf, damit Sie beide gut damit zurechtkommen. Meist sind 5–10 Meter völlig ausreichend. Trotz der größeren Freiheit sollte der Hund dennoch nicht mit Karacho in die Leine brettern, das ist vor allem beim großen kräftigen Hund höchst gefährlich für alle Beteiligten. Das Ziel ist auch hier: der Hund bewegt sich entspannt im Leinenradius.

Übung: im Leinenradius bleiben

Beginnen Sie wieder in einem wenig belebten Gebiet, das dem Hund bekannt ist. Geben Sie dem Hund genügend Leinenlänge und gehen Sie mit ihm den Weg entlang. Loben Sie ihn immer mal wieder, solange die Leine locker durchhängt.

Wenn er sich zwischendurch nach Ihnen orientiert, Blickkontakt aufnimmt oder zu Ihnen kommt, wird auch dies von Ihnen registriert und gelobt.
Es wird nicht ausbleiben, dass der Hund irgendwann das Leinenende erreicht. Überlegen Sie sich ein Signal, welches dem Hund das Leinenende ankündigt und ihm mitteilt, dass er langsamer machen und im Leinenradius bleiben soll. Das Signal LANGSAM eignet sich dafür gut, weil es unaufgeregt und gedehnt ausgesprochen kann. Immer wenn der Hund das Leinenende erreicht, geben Sie Ihr dafür ausgewähltes Signal, am besten genau dann, wenn sich die Leine sacht zu straffen beginnt, der Hund aber noch nicht wirklich zieht. Reagiert er darauf und wird langsamer oder wendet sich Ihnen zu, wird er natürlich gelobt. Geht er dennoch weiter und zieht, bleiben Sie stehen. Warten Sie, bis der Hund sich zu Ihnen orientiert und die Leine wieder locker wird. Dann loben Sie ihn und gehen evtl. unter Verwendung des Signals LANGSAM mit ihm weiter. Als Unterstützung können Sie beim Stehenbleiben Ihr Achte-auf-mich-Geräusch machen, falls der Hund sich nicht von sich aus zurücknimmt.
Die meisten Hunde erkennen recht schnell, wie groß der ihnen zur Verfügung stehende Leinenradius ist. Einige stoppen mit der Zeit von alleine beim Erreichen des Leinenendes, andere benötigen immer eine Erinnerung.

Geschickter Umgang mit der langen Leine. Es erfordert Achtsamkeit, damit sie nicht zur Stolperfalle wird.

Wichtig:

- Auch für Sie gilt: Zerren Sie nicht an der Leine. Hat sich der Hund beispielsweise festgeschnüffelt und Sie möchten weitergehen, verwenden Sie das Signal zum »Weitergehen« (s. Seite 78) und fordern den Hund mit einer einladenden Handbewegung auf, Ihnen zu folgen.
- Achten Sie darauf, wo sich die Leine befindet: wenn Sie sich mit dem Fuß darin verheddern und der Hund plötzlich losläuft, wird das etwas unschön. Auch für den Hund kann es unangenehm sein, wenn sich die Leine um seine Beine wickelt, eng unter dem Bauch oder an der Innenseite der Oberschenkel verläuft, während er rennt.
- Tragen Sie notfalls Handschuhe, um Verletzungen abzumildern, wenn der Hund Ihnen die Leine einmal zügig durch die Hände zieht.

Zwei oder mehrere Hunde an der Leine

So schön es ist, mit mehreren Hunden gemeinsam unterwegs zu sein, es braucht deutlich mehr Aufmerksamkeit Ihrerseits. Bei zwei oder mehr Hunden sollten Sie noch deutlicher auf die Einhaltung von bestimmten Regeln achten. Sie geben Sicherheit und das gemeinsame Gehen bekommt Routine.
Welche Regeln dies sind, wo Sie genau hinschauen müssen oder wo Sie etwas nachlässiger sein dürfen, machen Sie von Ihren individuellen Bedingungen abhängig – Ziel ist immer: jeder soll sich wohlfühlen und Sie müssen gemeinsam sicher unterwegs sein können.

Basics

Selten bekommt man auf einen Schlag gleichzeitig zwei Hunde ins Haus, die dann auch noch gemeinsam an der Leine laufen sollen. In der Regel kommt ein Zweithund zu einem bereits eingewöhnten Hund dazu. Obwohl ein erfahrener Zweithund dem Neuen helfen kann, ist es sinnvoll, zunächst einzeln zu trainieren, bis der Neue die Basics der Leinenführigkeit erlernt hat. Das bringt Vorteile für alle:

- Sie müssen nun zwei Hunden Anleitung geben und auch darauf achten, dass dies umgesetzt wird. Das gelingt einfacher, wenn beide gelernt haben, an lockerer Leine zu gehen.
- Läuft ein Junghund mit dem älteren Hund, so orientiert er sich oft mehr am Artgenossen und es ist für Sie deutlich schwerer, seine Aufmerksamkeit zu bekommen. Außerdem schaut er sich von diesem nicht nur erwünschtes, sondern auch unerwünschtes Verhalten ab.
- Weil die Aufmerksamkeit naturgemäß beim jungen Hund liegt, kommt evtl. der Ersthund zu kurz, er läuft wie selbstverständlich mit, wird aber zu wenig beachtet und nicht gelobt für gutes Verhalten.

Auch wenn alle Hunde leinenführig sind, ist zu manchen Zeiten getrenntes Spazierengehen eine gute Sache. Weniger ist hier manchmal mehr: anstatt eine Stunde lang einen anstrengenden Spaziergang mit zwei Hunden zu machen, gehen Sie mit jedem jeweils nur eine halbe Stunde. In dieser Zeit können Sie Ihre Aufmerksamkeit auf den einzelnen Hund richten, kleine Übungen einbauen und entspannt miteinander unterwegs sein.

Überlegen Sie, wo Sie welchen Hund führen. Vermutlich müssen Sie und Ihre Hunde erst ein wenig ausprobieren, wie alle am besten zurechtkommen. Anhängliche Hunde suchen oft den

Die Besitzerin freut sich zu Recht, dass der junge Hund bereits so entspannt mitläuft und vom älteren Vierbeiner lernen kann.

Beinkontakt, andere brauchen etwas Abstand zu Ihnen oder den anderen Hunden.
Wird einer links und einer rechts geführt, können Sie die Hunde individuell lenken. Zieht einer zur Seite, ist der andere davon nicht betroffen, weil Sie mit Ihrem Körper die beiden Hundebewegungen abfedern und ausgleichen können.
Gehen alle Hunde auf derselben Seite, brauchen Sie mehr Kraft in Arm und Hand, falls die Hunde ziehen. Manchmal wechseln die Hunde dann auch ihre Position, so dass Sie innerhalb kürzester Zeit ein Leinengewirr haben. Wenn die Hunde hier aber gelernt haben, an ihrer Innen- oder Außenposition zu bleiben, haben Sie den Vorteil, dass Sie die Hunde im Straßenverkehr oder bei Begegnungen auf der abgewandten Seite führen können.
Wenn Sie für Ihre Vierbeiner die jeweils passende Position gefunden haben, üben Sie das Gehen in genau dieser Formation. Sobald die Hunde zuverlässig auf ihrer Position gehen, können Sie dafür auch ein entsprechendes Signal einführen. Im Idealfall führen Sie Ihre Gruppe so, dass Sie zügig reagieren können. Das geht jedoch nur schwer, wenn alle Hunde mit größerem Abstand vor Ihnen gehen. Es ist sinnvoll, wenn die Hunde relativ dicht bei Ihnen gehen und durch die Leine ein loser (nicht strammer) Kontakt

gehalten wird. Möchte einer der Hunde ausscheren, wird er verbal oder notfalls mit der Hand bzw. durch Abdrängen wieder auf seine Position gebracht. Deshalb ist es auch so wichtig, dass jeder Hund zuvor gelernt hat, wo und wie er an lockerer Leine neben Ihnen gehen soll.

Wir empfehlen für jeden Hund eine extra Leine zu verwenden, so könnten Sie bei Bedarf dem einzelnen mehr Spielraum geben oder im Notfall auch mal die Leine fallen lassen. Wählen Sie nicht zu starre oder dicke Leinen, damit sie gut in der Hand liegen. Je gezielter die Hunde geführt werden müssen, umso kürzer sollten die Leinen sein.

Regeln für das gemeinsame Gehen

Ein entspannter Start

Planen Sie im Vorfeld die Start-Rituale, dann weiß mit der Zeit jeder Hund, wie es abläuft: Gibt es eine Reihenfolge beim Anleinen? Wo warten die bereits angeleinten Vierbeiner? Z.B. im Sitz ruhig neben Ihnen, in der Diele usw. Wann ziehen Sie sich Schuhe und Jacke an? Gehen Sie geordnet aus der Türe. Auch wenn es Ihnen sonst nicht so wichtig ist, wer, wann zur

Oft regeln die Hunde harmonisch untereinander, wer an welcher Stelle läuft.

Türe hinausgeht, mit mehreren angeleinten Hunden gleichzeitig wird es wichtig. Überlegen Sie: Wer geht zuerst? Wie stoppen Sie einen Drängler? Z.B. in dem Sie ihn ansprechen, mit dem Knie etwas zurückdrängen, mit der Leine zurückhalten. Was passiert nach dem Aus-der-Türe-Gehen? Sollen die Hunde nochmals kurz warten, bis Sie die Türe verschlossen, die Leinen sortiert haben usw.?

Kein Markieren und Pinkeln bis zur Freigabe

Für erwachsene, gesunde Hunde besteht keinerlei Notwendigkeit, an jedem Busch und jeder Straßenecke stehen zu bleiben oder gar zu markieren. Wenn Sie dies erlauben, gehen oder stehen Sie ständig mit verwurstelten Leinen und ausgebreiteten Armen, weil jeder der Hunde sein Ding macht. Davon abgesehen kann es höchst unangenehm werden, wenn ein Hund der Gruppe plötzlich ausschert, um zu schnüffeln. Und es macht auch keinen besonders guten Eindruck, wenn alle paar Meter einer Ihrer Rüden das Bein hebt.
Überlegen Sie, wie dringend Ihre Hunde müssen und legen Sie eine Lösestelle fest. Das kann die kleine Grünfläche ganz in Ihrer Nähe sein, der

Wechseln die Vierbeiner ständig hin und her, sollten Sie jedem seine Position anweisen, ehe zu große Unruhe entsteht.

Baum am Waldrand o.ä. Es muss auch keine große Strecke sein, aber bis dahin gehen alle »ordentlich«.
Für Welpen, Senioren oder kranke Tiere gelten natürlich andere Maßstäbe.

An der Leine wird nicht gespielt

Eine kleine Kontaktaufnahme, eine Zusammengehörigkeitsgeste gehört zum gemeinsamen Gehen. Spielen an der Leine jedoch kann ganz schnell unliebsame Ausmaße annehmen und aus einem anfänglichen kurzen Anstupsen wird ein wildes Gehopse oder der aufgeforderte Hund reagiert unwillig, weil er lieber seine Ruhe haben möchte. Unterbrechen Sie im Interesse aller eine Spielaufforderung möglichst sofort. Die Leinen lassen einen dafür nötigen Bewegungsrahmen nicht zu.
Ob Ihre Hunde in der Gruppe Spielsachen mittragen dürfen, müssen Sie abwägen. Wenn Sie mehrere sehr darauf fixierte Hunde haben, empfehlen wir das Spielzeug auf dem Nachhauseweg selber einzustecken, damit es nicht zu Streitigkeiten oder Spielsituationen kommt.
Ein weiterer Aspekt: Wenn schon Spielzeug getragen werden darf, nehmen Sie es spätestens bei Erreichen von Straßen ab. Es wird schwierig, wenn der Hund seinen Ball beim Überqueren der Straße fallen lässt und Sie mit allen Tieren stehenbleiben und das Spielzeug wieder einsammeln müssen.

Vorsicht bei Sozialkontakten an der Leine

Ob Sozialkontakte an der Leine möglich und sinnvoll sind, muss grundsätzlich immer individuell entschieden werden. Wenn Sie mit mehreren Hunden unterwegs sind, gilt diese Überlegung erst recht.
Es ist nicht dasselbe, ob Ihr Hund alleine auf einen Artgenossen oder Passanten trifft oder sich in Begleitung seiner Kleingruppe befindet. Als Einzelhund ist er vielleicht aufgeschlossen und kontaktfreudig, nun kann es sein, dass er sich für ein Gruppenmitglied verantwortlich fühlt oder nicht möchte, dass sich der Entgegenkommende dafür interessiert.
Wenn sich mehrere angeleinte Hunde begrüßen, ist ein Leinengewirr vorprogrammiert und damit oft auch angespannte Situationen, weil sich die Hunde nicht mehr nach ihren Bedürfnissen bewegen können.
Eine Hundegruppe hat eine andere Außenwirkung als ein Einzelhund und kann dadurch auch die Reaktionen des Gegenübers beeinflussen. Gehen Sie lieber auf Nummer Sicher und führen Sie Ihre Hunde an den anderen vorbei oder bleiben etwas abseits stehen.

Dinge, die beim Einzelhund machbar wären, werden mit mehreren Hunden schnell zum schwierigen Unterfangen.

Ihr Hund zieht an der Leine – **was tun?**

Warum ziehen Hunde an der Leine?

Je genauer Sie wissen, welche Motivation aus Hundeseite dahintersteckt, umso besser können Sie Lösungsstrategien erarbeiten und für Sie passende Methoden erkennen.

Überforderung

Der Hauptgrund fürs Ziehen an der Leine ist, dass der Hund noch nicht ausreichend gelernt hat, an lockerer Leine zu gehen, oder in dieser speziellen Situation damit überfordert ist. Die Phase, in welcher Sie Ihrem Hund das Gehen an lockerer Leine beibringen, fällt in der Regel auf die Zeit des Heranwachsens und in dieser ist seine Belastbarkeit oftmals recht unterschiedlich. Rechnen Sie damit, dass er an manchen Tagen bereits durch Kleinigkeiten abgelenkt oder von vorhergehenden Aktionen noch aufgeregt oder belastet ist. Häufig erwarten wir einfach zu viel von unserem Hund, insbesondere dann, wenn es nicht der erste Hund ist. Man vergisst schnell, dass es auch beim Vorgänger mühsam war und genauso Zeit brauchte wie jetzt.

Bis der Hund wirklich zuverlässig leinenführig ist, muss dies viel öfter und differenzierter geübt werden, als uns manchmal bewusst und lieb ist. Das kann bedeuten, dass Sie für einen Lernschritt auch mal mehrere Wochen brauchen. Hunde verallgemeinern auch nicht automatisch, sondern müssen erst erlernen, dass sie in unterschiedlichsten Situationen an lockerer Leine mitgehen können. Wahrscheinlich ist es für Ihren Hund etwas völlig anderes, ob er zusammen mit Ihnen den ruhigen Feldweg entlanggeht, auf dem Familienspaziergang oder in der Stadt unterwegs ist.

Bei vielen Hunden ist die Fähigkeit, sich längere Zeit zu konzentrieren und die eigenen Interessen hinten an zu stellen, zunächst begrenzt. Diese Punkte müssen genauso geübt werden wie die Leinenführigkeit selbst.
Es ist völlig normal, dass Hund und Mensch manchmal etwas überfordert sind, Überforderung sollte nur nicht zum Dauerzustand werden. Verlangen Sie lieber etwas zu wenig als zu viel. Bleiben Sie beim Spaziergang ab und zu an einer geeigneten ruhigen Stelle stehen, geben Sie ihm FREI an der Leine und dadurch die Chance, wieder entspannter zu werden.

Keine Aufmerksamkeit mehr für die Besitzerin. Die Anforderung ist in diesem Moment zu hoch für den Hund, er kann sich nicht mehr konzentrieren.

Ziehen lohnt sich

Ihre Aufmerksamkeit und Konsequenz trägt viel dazu bei, wie zuverlässig Ihr Hund an lockerer Leine geht. Überprüfen Sie immer mal wieder, wo die kleinen Ausnahmen und Stolperfallen im Alltag lauern: Wie viel »eigentlich sollte er« gibt es und wie reagiert Ihr Hund auf Ihre Nachlässigkeit? (Siehe auch Kapitel 1)

Vielleicht zieht Ihr Vierbeiner nur auf dem Weg zu interessanten Schnüffelstellen, in Richtung Wiese, auf der er immer Freilauf erhält oder seinen Hundekumpel trifft. Anfangs war das Ziehen evtl. recht gemäßigt, Sie gingen halt etwas schneller, weil Sie das Bestreben Ihres Hundes nachvollziehen konnten. Mit der Zeit ist es dann zur Gewohnheit geworden, dass Sie beide auf diesen Strecken mehr oder weniger eilend und mit Führung des Hundes unterwegs sind. Wenn der Hund nur in diesen Momenten an der Leine zieht und es für beide nicht allzu belastend ist, könnten Sie es dabei belassen. Wenn Sie hier Veränderungen anstreben, erfordert es viel Aufmerksamkeit, denn dieses Verhalten hat sich meist über einen längeren Zeitraum entwickelt und gefestigt.

Für manchen Vierbeiner lohnt sich das Ziehen, weil er dadurch beachtet wird. Auch negative Rückmeldung bedeutet Beachtung und Aufmerksamkeit. Versuchen Sie das umzudrehen: Registrieren Sie, wann der Hund entspannt an lockerer Leine mitläuft. Es ist viel angenehmer für beide, wenn Sie ihm eine Rückmeldung für sein gutes Verhalten geben, als wenn Sie ihn überwiegend nur dann rügend beachten, wenn er an der Leine zieht.

Kennt der Hund die Regeln? Wie viel Schnüffeln ist wann und wo erlaubt?

Erwartungshaltung

Angeleint werden und an der Leine gehen bedeutet für manche Vierbeiner Aktivität und weckt eine Erwartungshaltung. Beispielsweise dann, wenn der Spaziergang bei einem aktionsgeladenen oder aufgeregten Hund auch noch mit aufmunternden Worten angekündigt wird oder häufig mit dem Vierbeiner an der Leine gespielt wird.
Auch Hunde, die nicht ausgelastet sind oder wenig erleben, neigen zum Ziehen, vor allem zu Beginn des Spaziergangs. Sie möchten sich bewegen, schnüffeln, etwas Interessantes begutachten usw.
Hier sollte parallel zur Leinenführigkeit auch der Umgang mit dem Hund angepasst werden. Vermeiden Sie alles, was die Erwartungshaltung des Hundes steigern könnte. Üben Sie mit ihm das ruhige Anleinen und Aus-dem-Haus-Gehen. Achten Sie darauf, dass Ihr Hund genügend Möglichkeit hat, seinen Bewegungsdrang und sein Aktivitätsbedürfnis zu befriedigen.
Manche Vierbeiner mit hoher Erwartungshaltung und viel Interesse an der Umwelt finden besser in die Entspannung, wenn die Wege vertraut sind. Vielleicht können Sie beobachten, dass Ihr Hund auf dem Rückweg viel ruhiger an der Leine gehen kann. Oder Sie gehen beispielsweise eine kürzere Runde, diese jedoch zwei Mal hintereinander – bei der zweiten Runde fällt die Leinenführigkeit vermutlich deutlich leichter.

Eine andere Form der Erwartungshaltung: Einige Vierbeiner sind bzw. wollen immer im Arbeitsmodus sein. Solange sie z.B. Fuß bzw. dicht bei Ihnen gehen oder Blickkontakt halten sollen, gelingt das Mitlaufen wunderbar. Sobald sie mehr Freiraum erhalten, beginnen Sie zu ziehen und sind sehr empfänglich für Außenreize. Ein entspanntes und gleichzeitig doch aufmerksames Mitgehen scheinen sie nicht hinzukriegen. Geben Sie dem Hund dann die Anleitung, die er braucht. Manchmal ist dies nur eine Zeit lang, in einer bestimmten Lebensphase oder nur in aufregendem Umfeld erforderlich.
Begleitend dazu können Sie auf geeigneten Spazierwegen dem Hund helfen, aus seiner Arbeitshaltung herauszufinden. Verzichten Sie hier weitestgehend auf Anweisungen. Trödeln Sie an längerer Leine, lassen Sie es zu, dass sich der Hund vermehrt Hundedingen zuwendet, schnüffelt, in der Gegend herumschaut oder stehen bleibt. Wenn er sich durch diese Spaziergänge wieder an ein entspanntes Gehen gewöhnt hat, können Sie die längere Leine allmählich wieder verkürzen.

Große Freude, wenn es raus geht, aber kein guter Start in den Spaziergang.

Ziehen ist die Spitze des Eisbergs

Manchmal liegen die Ursachen für das Ziehen an der Leine in Bereichen, die man nicht auf den ersten Blick damit in Verbindung bringt.

Auch ein gut ausgeführtes Training bringt nicht den gewünschten Erfolg, weil es wie eine Tünche über dem eigentlichen Problem ausgebreitet wird. Verbesserungen stellen sich erst dann ein, wenn gleichzeitig am Grundproblem gearbeitet wird.

An diese Punkte könnten Sie denken:

- Wie entspannt ist Ihr Hund zuhause, gibt es in diesem Bereich noch Verbesserungspotential? Wenn er hier kaum zur Ruhe kommt, ist es nachvollziehbar, dass er seine Unruhe und Anspannung mit nach draußen nimmt. Unter Umständen genügt dann eine Kleinigkeit, um ihn ziehen zu lassen.
- Gesundheitliche Probleme: Hunde, die schlecht hören oder sehen, sind schnell verunsichert, schauen sich oft um, weichen erschreckt aus oder bleiben plötzlich stehen. Lassen Sie abklären, ob Schmerzen, hormonelle Störungen oder andere Einschränkungen mit eine Rolle spielen könnten oder bestimmte Bewegungen wie z.B. abrupte Wendungen oder Stopps dem Hund nicht gut tun.
- Unterschiedliche Anleitungen und Erwartungen: Einigen Sie sich innerhalb der Familie auf ein einheitliches Vorgehen. Wenn die Erwartungen und Anleitungen der verschiedenen Gassigeher unterschiedlich ausfallen, verunsichert dies viele Vierbeiner – ziehen ist eine Folge davon.
- Bei sehr angespannten oder ängstlichen Vierbeinern ist Leinenführigkeit zwar meist ein wichtiges Thema, muss aber manchmal hinten angestellt werden, weil andere Trainingsmaßnahmen Vorrang haben. Erst wenn hierdurch ein bestimmter Trainingsstand erreicht wurde, macht es Sinn, an der Leinenführigkeit zu arbeiten.

Wichtig

Aufregung oder Unsicherheit sind häufige Ursachen für das Ziehen an der Leine: Der Hund möchte dadurch etwas Interessantes genauer wahrnehmen oder möglichst rasch eine größere Distanz zu einer verunsichernden Situation erreichen. Eine Verbesserung stellt sind erst dann ein, wenn gleichzeitig an der Ursache für das Verhalten gearbeitet wird.

Verschiedene Wege führen zum Ziel

Wir verstehen Sie nur zu gut, wenn Sie nun die Methode erfahren wollen, welche dem Leinenziehen endlich ein Ende setzt. Diese gibt es leider nicht, dazu sind die Hund-Mensch-Teams, die Alltagssituationen und die Ursachen für das Leineziehen viel zu verschieden.

Nachfolgend beschreiben wir einige grundsätzliche Vorgehensweisen, die sich bei unterschiedlichen Hunden in der Praxis bewährt haben. Im nächsten Kapitel finden Sie weitere Hinweise, wie Sie in verschiedenen Alltagssituationen handeln können.

Sie müssen nicht alles ausprobieren und schon gar nicht wild durcheinander. Wählen Sie das Vorgehen, welches am ehesten zu Ihren Problemen passt, und bleiben Sie dann erst mal dabei. Für den Hund ist es verwirrend, wenn Sie in kurzer Zeit verschiedene Trainingsansätze ausprobieren.

Erwarten Sie keine Übernacht-Erfolge, jede Maßnahme benötigt erst einmal Zeit, um wirksam zu werden. Häufig ist jedoch nach kurzer Zeit eine Tendenz erkennbar: Gelingt es Hund und Mensch entspannter zu werden, geht der Hund immer häufiger, zunächst für kurze Strecken, an lockerer Leine und werden diese Strecken länger?
Es ist nicht falsch, wenn Sie sich Unterstützung holen. Ein versierter Trainer erkennt auch Kleinigkeiten, die eine an sich gute Vorgehensweise scheitern lassen. Hunde reagieren auf kleinste Körperbewegungen des Menschen und die wenigsten Hundebesitzer sind in der Lage, sich selbst während des Trainings genau zu beobachten, quasi neben sich zu stehen. Auch Videoaufnahmen können helfen, das eigene Vorgehen zu analysieren und zu reflektieren. Hunde, die unsicher, aufgeregt oder aggressiv reagieren, benötigen ein genau auf ihre Bedürfnisse zugeschnittenes Vorgehen. Weil dabei auf so viele Details geachtet werden sollte, braucht es – zumindest ab und zu – den geschulten Blick eines Ausbilders, der die Situation beurteilen und Hilfestellung geben kann.

Erfolge motivieren zum Weiterüben. Wählen Sie für den Neustart ein Gebiet, in dem Sie ungestört sind und die Leinenführigkeit mit großer Wahrscheinlichkeit gelingt.

Neuanfang mit neuen Regeln

Hunde, die schon über eine lange Zeit hin an der Leine gezogen haben, sind oft nicht mehr sensibel, weder für den körperlichen Zug, noch für Signale oder Bemühungen.

- Ignoriert der Hund die bisher verwendeten Anweisungen oder hat sie schon völlig falsch verknüpft, so ist es besser, neue Signale einzuführen. Das ist in der Regel erheblich erfolgversprechender, als der Versuch, schlecht trainierte Anweisungen nachzubessern.
- Wenn der Zug am Hals für den Hund schon zum Dauerzustand geworden ist, lassen Sie das Halsband erst einmal ganz weg und verwenden stattdessen ein Geschirr. Hat er sich ein Ziehen am Geschirr angewöhnt, wählen Sie ein anderes Modell oder üben das Leinegehen bewusst ausschließlich am Halsband.

Definieren Sie Ihr Lernziel nochmals so genau wie möglich und machen Sie sich einen alltagstauglichen Plan, der viel Raum für Erfolge ermöglicht. In welchem Umfeld können Sie an der Leinenführigkeit arbeiten, wann nützen Sie die Übergangslösung, und welche Situationen meiden Sie im Moment so weit als möglich, bis Sie beide einen bestimmten Trainingsstand erreicht haben? Wenn Ihr Fokus von nun an nicht mehr auf dem Problem liegt, sondern auf dem Richtigmachen, erkennen Sie plötzlich Momente, in denen es gut läuft, die Sie belohnen und über die Sie sich freuen können. Und diese Freude überträgt sich auch auf Ihren Hund.

Trödeln – Bringen Sie Ruhe in das Geschehen

Ein an der Leine ziehender oder gezogen werdender Hund ist nicht entspannt und dadurch auch nicht wirklich in der Lage gut zu lernen. Selbst wenn der Hund zieht, weil er dadurch etwas für ihn Erstrebenswertes erreichen möchte, befindet er sich in Anspannung. In angespanntem Zustand können Sie ihn nur managen!
Davon abgesehen belastet ein ständiger Leinenzug, Leinerucken oder In-die-Leinespringen die Wirbelsäule, Kehlkopf und Gelenke und führt zu Muskelverspannungen oder gar Gangveränderungen, unabhängig davon, ob er an Halsband oder Geschirr geführt wird.

Eine wichtige Maßnahme ist es deshalb, zunächst einmal Ruhe reinzubringen. Manche Hunde und Menschen müssen erst wieder lernen, wie sich ein entspannter Spaziergang anfühlen kann. Erst wenn sich die Erregung Ihres Hundes wieder auf einem für ihn normalen Maß eingependelt hat, ist er empfänglich für Anweisungen.

Machen Sie immer mal wieder einen Trödel-Spaziergang, auch wenn dieser auf den ersten Blick nichts mit Ihrem Problem Leinenführigkeit zu tun hat. Ein solcher Spaziergang tut im Prinzip jedem Hund-Mensch-Team gut.
Besonders hilfreich ist er

- für unruhige Hunde und Menschen, die meinen, ein Leinengang bedeutet zügig Strecke zu machen und die recht angespannt unterwegs sind. Kann der Hund in seinem eigenen Tempo langsam vor sich hin gehen, entspannen sich viele Hunde. Sie werden ruhiger und nehmen ihren Körper oder den Untergrund, auf dem sie sich bewegen, viel bewusster wahr.
- für Hunde, die immer auf Anweisung des Menschen warten.
- für Hunde, die sehr reizempfänglich sind und sich schwer tun, Reize zu verarbeiten. Auf einem streckenmäßig kurzen Spaziergang ist in

An der langen Leine auf Entdeckungsreise. Der Hund darf seinen Bedürfnissen nachgehen, schnüffeln, erkunden, sich schmutzig machen ...

der Regel auch die Anzahl der neuen Reize geringer. Durch das langsame Tempo kann sich der Hund ausführlicher mit einer Wahrnehmung beschäftigen, sie verarbeiten und ist nicht gleich mit dem nächsten konfrontiert.

Ziel der Übung: Der Hund lernt, dass auch langsames Gehen vorteilhaft sein kann. Dass er schnüffeln und Sie dennoch im Blick haben kann. Sie lernen, Ihr Augenmerk wieder mehr auf den Hund und seine Bedürfnisse zu richten, die korrekte Leinenführigkeit rückt in diesem Moment etwas in den Hintergrund. Sie schlendern sozusagen beide vor sich hin, sind aber doch gemeinsam unterwegs.

Trödel-Spaziergang bedeutet, dass Sie sich für eine kurze Strecke viel Zeit nehmen. Je nach Wohnumfeld kann dies Ihre sonst übliche Spaziergeh-Runde sein, die Sie beispielswese um die Hälfte kürzen, aber die gleiche Zeit dafür einplanen. Zu Beginn empfiehlt sich ein Gelände, in dem sich Hund und Mensch wohlfühlen und entspanntes Gehen und Umweltwahrnehmen möglich ist. Wählen Sie also nicht gerade die Mäusewiese, falls Ihr Hund zu den begeisterten Jägern gehört oder eine stark frequentierte Hundestrecke, wenn Ihr Rüde durch Markierung der Artgenossen in Aufregung gerät. Wenn Ihr Hund sich geradezu in einen Geruchsrausch hineinschnüffelt oder jeder Umweltreiz ihn zum Reagieren veranlasst, kann von Entspannung nicht die Rede sein.
Ihr Hund erhält ausreichend Leinenspielraum, er hat frei an der Leine, sprechen Sie auch nicht ständig mit ihm. Passen Sie sich, so weit als möglich, dem Tempo des Hundes an, d.h. werden Sie langsamer bzw. bleiben Sie auch mal stehen, wenn er schnüffelt. Soll es weitergehen, sprechen Sie ihn an und locken ihn notfalls ein wenig mit. Wird er zu schnell, bleiben Sie stehen.
Machen Sie sich keine Sorgen, wenn Sie dadurch weniger Strecke machen als sonst, ein solcher Spaziergang ist auch nicht langweilig für den Hund. Im Gegenteil – es hilft ihm, einen ruhigen, gleichmäßigen Gangrhythmus zu finden.
Wenn er dann mal einige Meter entspannt neben Ihnen hergeht, wird er natürlich gelobt.

Körpersprache – Hunde zwischen Anspannung und Entspannung

Ruhe und Anspannung zeigen sich an Körperhaltung, Bewegungen und am Blick. Auch die Art und Weise, wie Ihr Hund sein Leckerchen oder ein Lob annimmt, sagt viel über seinen emotionalen Zustand aus.

Der angespannte, aufgeregte Hund:

- Er geht mit hoher Muskelspannung und manchmal fast stakkato-artigen Bewegungen.
- Die Rute wird eher hoch und steif getragen oder man erkennt schnelle, aber sehr geringe Rutenbewegungen.
- Sein Blick ist nach vorne gerichtet, er schaut entweder fast hektisch von einem Reiz zum nächsten oder ist sehr fokussiert auf einen bestimmten Punkt, der ihn besonders beschäftigt.
- Häufig ist eine Anspannung am Ohransatz zu bemerken und die Ohren werden eher aufgestellt getragen.
- Ein Schnüffeln wirkt sehr intensiv, fast zwanghaft.

Wenn der Hund gestresst und angespannt ist, kann er u.U. kein Leckerchen annehmen oder spuckt es sofort wieder aus. Oder er nimmt das Leckerchen eher wie eine Schnapp-Schildkröte. Ein verbales Lob registriert er oftmals kaum oder reagiert sehr aufgeregt darauf. Er geht beispielsweise schneller, springt hoch, ist mit seinem Blick und seiner Körperausrichtung gleich wieder in Richtung des aufregenden Reizes. Streicheleinheiten sind ihm in diesem Moment fast unangenehm und er weicht aus.

Der entspannte Hund:

- Er bewegt er sich relativ weich, die Gliedmaßen sind leicht gewinkelt und das Gewicht verteilt sich gleichmäßig auf die Vorder- und Hinterbeine.
- Die Rute hängt locker oder wedelt langsam.
- Sein Gesichtsausdruck wirkt weicher, er schaut entspannt auch mal zu seinem Menschen, die Ohren hängen locker.
- Er schnüffelt zwar interessiert, aber nicht hektisch und angespannt.

Ist der Hund relativ entspannt, kann er das Leckerchen eher sanft nehmen (natürlich immer in Relation zu seiner sonstigen Gewohnheit). Er bleibt er nach dem Lob sowohl gedanklich als auch körperlich eher im gedachten Radius und geht mit Ihnen weiter.

An der Leine sein ist langweilig

Gut geeignet für:

- generell aufgeregte Hunde
- Vierbeiner, die gelernt haben, dass Angeleint-Werden Aktivität bedeutet.

Ziel der Übung: Die Leine gehört ganz selbstverständlich mit zum Alltag, angeleint zu werden ist nichts Besonderes, sondern eher langweilig.

Leinen Sie den Hund an, bei Bedarf üben Sie nochmals das ruhige Verlassen der Wohnung siehe Kapitel 2. Gehen Sie in gemäßigtem Tempo aus dem Haus und z.B. den Gartenweg entlang, dann halten Sie an. Wenn es Ihrem Hund beim Ruhigwerden hilft, können Sie ihn nun kurz streicheln, leise mit ihm reden oder ihm auch ein Leckerchen reichen. Danach gehen Sie weiter bis z.B. zur nächsten Grünfläche. Dort bekommt der Hund etwas mehr Leinenspielraum, darf schnüffeln oder pinkeln. Sie bleiben stehen und beachten den Hund wenig, auch wenn er etwas unruhig ist oder an der Leine zieht. Nach ein paar Minuten sprechen Sie ihn an und gehen einige Meter, der Hund darf wieder ein wenig schnüffeln, anschließend gehen Sie heim. Der Hund wird abgeleint und Sie widmen sich wieder Ihrem Alltag.
Diese kurzen Spaziergänge können Sie mehrmals täglich unternehmen, beobachten Sie, wie Ihr Hund darauf reagiert. Anfangs wird er vermutlich jedes Mal aufgeregt sein und ziehen. Nach einigen Wiederholungen werden Sie etwas mehr Ruhe feststellen können.
Wenn er jedoch immer aufgeregter wird, müssen Sie Ihr Vorgehen etwas abändern: Reduzieren Sie die Übung auf ein oder zwei Mal täglich, überprüfen Sie Ihre eigene Anspannung und passen Sie Ihr Gehtempo an. Ein zu bewusstes und langsames Gehen deutet mancher Hund fälschlicherweise als Anspannung. Ein zu schnelles Tempo lässt ihn vorwärtsstürmen und animiert ihn zum Hüpfen. Verlegen Sie das Üben auf eine Tageszeit, zu der der Hund grundsätzlich etwas entspannter ist und in ein Umfeld, in dem er nur wenig Aufregendes wahrnehmen kann.

> *Wichtig*
>
> Wenn Sie von Ihrem Hund Ruhe erwarten, müssen Sie gute Voraussetzungen dafür schaffen. Ein angespannter oder nicht ausgelasteter Vierbeiner wird nur schwer die nötige Gelassenheit entwickeln, um an lockerer Leine zu gehen.
>
> - Er braucht ausreichend Gelegenheit, damit er seinem Bewegungsbedürfnis nachkommen kann und eine für ihn angemessene Beschäftigung.
> - Genauso wichtig sind angepasste Ruhezeiten und reizarme Tage. Manche Hunde benötigen sehr viel Regenerationszeit, in der sie ungestört schlafen und entspannen können.

Loben spornt an

Gut geeignet:

- für Hunde, die besser über Lob lernen und Bestätigung brauchen, um sich wohlzufühlen.
- für Hunde, die relativ schnell eine Handlungsalternative von uns brauchen, weil sie in ihrem Vorwärtsstreben nicht von alleine auf gute Ideen kommen.

Gezielte Langeweile: Der kurze Gang zur Grünfläche kann mehrmals am Tag unternommen werden. Auf vertrauten Wegen fällt es vielen Hunden leichter, an lockerer Leine zu gehen. Diese kleinen Erfolgserlebnisse tun Hund und Mensch gut.

- um aufregende oder belastende Situationen Schritt für Schritt zu meistern

Ziel der Übung: Mitgehen an lockerer Leine kann wieder Spaß machen. Der Hund wendet sich, auch in schwierigen Momenten, fast automatisch seinem Menschen zu, um positives Feedback zu erhalten, anstatt wie bisher nach vorne zu ziehen.

Basis-Übung
Das Vorgehen ist ähnlich wie beim Erlernen der Leinenführigkeit. Der Hund wird gelobt und belohnt, wenn er an lockerer Leine geht, nur ist jetzt die Bestätigungs-Frequenz deutlich höher. Stellen Sie sich dazu Ihr Lernziel bildlich vor – also wirklich den Kreis oder das Oval, in dem sich der Hund bewegen soll, wenn er an lockerer Leine geht. Der Kreis dürfte etwa einen Durchmesser von 3 bis 4 m haben.
Dem Hund fällt es leichter, im gedanklichen Oval zu bleiben und Sie können aufmerksamer reagieren, wenn Sie für die ersten Tage dafür ein ablenkungsarmes Umfeld aufsuchen. Für manche Hunde empfiehlt es sich, zunächst immer das gleiche Gelände zu nutzen.

Trainieren Sie sich selbst: Legen Sie den Fokus aufs Positive und sparen Sie nicht mit Bestätigung, wenn der Hund an lockerer Leine geht.

Anfangs bekommt der Hund für fast jeden Schritt, bei dem er im gedanklichen Radius bleibt, ein Leckerchen, Sie müssen dies nicht groß kommentieren. Verwenden Sie Mini-Leckerchen, die der Hund mit einem Happs leicht schlucken kann.

Sie werden feststellen, nach einigen Tagen wird der Hund während des Gehens etwas langsamer, wendet sich öfter Ihnen zu – erwartet quasi sein Leckerchen, das er natürlich auch bekommt. Macht er dies immer häufiger, können Sie anfangen, bei der Leckerchengabe ein Lobwort zu sagen.

Verlängern Sie dann zunehmend die Laufstrecke und wechseln Sie das Übungsgelände, aber immer nur so weit, dass es dem Hund noch möglich ist, locker nebenher zu gehen. Die restliche Zeit hat der Hund frei an der Leine.

Ein Nachteil dieser Methode kann sein, dass der Hund nun fast übereifrig nach Ihnen schaut und Leckerchen erwartet. Damit dies nicht überhandnimmt, müssen Sie es langsam wieder ausschleichen. Ersetzen Sie in kleinen Schritten das Leckerchen durch Ihr Lobwort.

Übung: In schwierigen Situationen
Listen Sie auf, welche Situationen – meist sind es Begegnungen – Sie auf diese Weise entspannt passieren wollen. Notieren Sie auch, welchen Abstand Sie beide im Moment noch dazu benötigen. Dann beginnen Sie mit der einfachsten Begegnung und dem größten Abstand. Ziel ist immer, dass die Anspannung des Hundes nicht überhandnimmt und er sich wohlfühlt. Sparen Sie nicht mit Bestätigung, wenn der Hund ruhig mit Ihnen mitläuft.
Wenn dies gut trainiert und für Ihren Hund das Richtige ist, werden Sie bemerken, dass er zunehmend auch in diesen für ihn aufregenden Momenten langsamer wird, sich nach Ihnen umschaut, ein bisschen nach dem Motto »hast du gesehen – es ist schwierig, ich hab mich aber gar nicht aufgeregt, habe nicht gezogen – also bitte jetzt ein Leckerchen«.

Damit sich das erwünschte Verhalten festigen kann, benötigen Sie viele gelungene Übungsmöglichkeiten. Finden solche Begegnungen zu selten statt, sind sie nach wie vor etwas Besonderes.

Richtungswechsel – achte auf mich

Gut geeignet:

- um den Hund aufmerksamer auf Sie zu machen.
- um einem drängelnden Vierbeiner, der Ihnen gern mal den Weg abschneidet oder ohne auf Sie zu achten von rechts nach links springt, mitzuteilen, dass auch Sie **sehr genau** wissen, wie und wohin Sie gehen.
- für Menschen, die fast ununterbrochen auf ihren Hund einreden und sich leicht dazu verleiten lassen, das eigene Ziel aus den Augen zu verlieren und dem Hund nachzufolgen.
- falls Sie das »Achte-auf-mich-Signal« zu inflationär eingesetzt haben. Es ist schön, wenn Sie fair und höflich sind zu Ihrem Hund und ihn darauf hinweisen, dass nun ein Richtungswechsel ansteht. Wenn Sie aber übertreiben und er es deshalb kaum mehr beachtet, ist es angebracht, diese Höflichkeit etwas zu reduzieren. Ihr Hund ist nun in der Pflicht und muss verstärkt auf Sie achten.

Ziel der Übung: Der Mensch übt sich darin, zielorientiert zu gehen und dem Hund nur dann Aufmerksamkeit zu geben, wenn er gut nachfolgt. Der Hund lernt wieder, dass es sich lohnt, aufmerksam nachzufolgen.

Übung an langer Leine
Wählen Sie ein ruhiges, möglichst ebenes und gut zu begehendes Gelände. Richtungswechsel bedeutet nun nicht, dass Sie den Hund mit Karacho in die Leine rennen lassen oder ihn herumschleudern. Deshalb ist er für die ersten Übungsschritte mit Geschirr und langer Leine ausgestattet. Haben Sie einen Vierbeiner, der ständig voll Speed in die Leine rennt und somit eine längere Leine für Sie und ihn zu große Verletzungsgefahr bedeutet, führen Sie die ersten Übungsdurchgänge auch ohne Leine, aber in einem sichereren, am besten eingezäunten Gelände durch.

Gehen Sie zielstrebig los, dabei können Sie den Hund kurz ansprechen – aber keine verbale Aufforderung zum Nachfolgen geben. Jetzt nehmen Sie sich fest vor, nicht mehr mit ihm zu sprechen, außer kurz zu loben, wenn er zu Ihnen aufschließt, bzw. nachfolgt.
Wenden Sie sich mit Ihrem gesamten Körper der Richtung zu, in die Sie gehen möchten. Was

immer auch Ihr Hund macht (hinter Ihnen her trödeln, Sie überholen, nach rechts oder links ausscheren), es ist Ihnen in diesem Moment egal. Wird dabei die Entfernung zu groß, bleiben Sie stehen, dabei zeigt Ihr Körper aber immer noch unbeirrt in die Richtung, in die Sie wollen. Strafft sich die Leine, dann zerren Sie nicht daran, halten Sie einfach ruhig gegen (Sie blicken immer noch in Ihre angestrebte Richtung), bis der Hund aufmerksam wird, nachgibt und einige Schritte in Ihre Richtung macht. Sie können ein dezentes Lob geben, dann gehen Sie wie selbstverständlich weiter. Wahrscheinlich wird Ihr Hund einige Wiederholungen brauchen, bis er sich immer schneller an Ihnen orientiert. Wenn Sie mit ihm bereits im Welpenalter die Achte-auf-mich-Übung gemacht haben, wird er sich vermutlich daran erinnern und es fällt ihm dann vielleicht leichter, sich Ihnen anzuschließen.

Bei den nächsten Übungsdurchgängen ändern Sie während des Gehens immer wieder sehr bewusst und für den Hund deutlich wahrnehmbar die Richtung. Folgt der Hund nach, wird er kurz gelobt, aber immer gehen Sie zielstrebig ihren Weg. Orientiert er sich nicht an Ihnen, bleiben Sie wieder stehen und gehen erst weiter, wenn er nachfolgt.

In weiteren Schritten können Sie ab und an Ihr Gehtempo verändern und auch mal in ablenkungsreicherem Gelände üben.

Auch kleine Hunde können super leinenführig sein. Eifrig folgt dieser Kleine seinem Menschen. Die Besitzerin achtet darauf, dass die Leine locker und das Tempo auch bei zügigen Wendungen machbar bleibt.

Übung im Leinenradius
Achtet der Hund durch die vorangegangene Übung mehr auf Sie, machen Sie dieselbe Aufgabe an kürzerer Leine.
Ihr Hund muss nun aufmerksam mitgehen, damit er Ihre Richtungswechsel wahrnimmt und auch mitmacht. Je nach Gehtempo schlendert der Hund also nicht locker nebenher, sondern geht konzentriert mehr oder weniger dicht neben Ihnen. Die Position ähnelt durchaus dem FUSS oder BEI MIR. Eine solche Übung können Sie nicht einen ganzen Spaziergang lang machen, sondern nur immer mal wieder zwischendurch, um den Hund aufmerksam auf das gemeinsame Gehen zu machen.
Gehen Sie dabei so zielstrebig wie möglich, ohne aber hastig zu eilen. Halten Sie die Leine möglichst immer in der gleichen Länge: sie soll locker durchhängen und etwas Spielraum gewähren. Am besten nehmen Sie Ihre Leinenhand vor den Bauch, am angewinkelten Arm bemerken Sie sofort, wenn der Hund zu ziehen beginnt.
Geht der Hund im Leinenradius aufmerksam mit, wird er natürlich gelobt. Beginnt sich die Leine zu straffen, wenden Sie in eine entgegengesetzte Richtung. Geben Sie Ihrem Hund nach jedem Richtungswechsel kurz Zeit, sich Ihnen anzuschließen und einige Schritte in gerader Richtung mitzugehen, ehe Sie wieder wenden.

Werden Sie kreativ: fast überall finden sich Übungsmöglichkeiten zum gezielten Gehen.

Anfangs nützen Sie dafür ein freies, ebenes Gelände, damit Sie Ihre Richtungswechsel zügig und ohne zu straucheln durchführen können. Als Ergänzung suchen Sie sich Markierungen, die Sie gezielt anlaufen und umrunden. In Wohngebieten können dies beispielsweise Straßenabsperrpfosten, Pfeiler, Säulen o.ä. sein, auch ein Waldgelände oder eine Baumwiese ist gut geeignet. Die Markierungen sollten zu Beginn des Trainings nicht zu dicht beieinander stehen, es muss möglich sein, mehrere Meter geradeaus zu gehen, ehe Sie den nächsten Baum umrunden. Gehen Sie nur so nahe an den Pfosten bzw. Bäumen vorbei, dass Sie beide bequem daran vorbei passen. Umrunden Sie das Hindernis auch nicht immer nach der gleichen Seite. Der Hund wird aufmerksamer, wenn er mal den engen Innenbogen und dann wieder den etwas weiteren Außenbogen gehen muss.

Stehen bleiben – es geht nicht weiter

Gut geeignet:

- für Hunde, die von sich aus Lösungsstrategien anbieten und nicht sogleich eine Handlungsalternative von Seiten des Menschen benötigen.
- Menschen, die sehr verantwortungsvoll mit der Leine umgehen. Wenn Sie dazu neigen, ständig (auch unbewusst) dran zu rucken oder das Ziehen mal beachten, dann wieder nicht – kann der Hund nicht wissen, wann er auf den Leinenzug reagieren soll oder wann es doch noch weitergeht.

Das Prinzip dieses Vorgehens: Der Hund kommt nicht weiter, wenn er zieht. Meist bleibt der Mensch einfach stehen, sobald der Hund zieht. Über die Frage, was danach kommt (ob man den Hund aufmerksam macht) und wann man weitergeht (sobald sich die Leine lockert, sich der Hund umdreht, einige Schritte zurückgeht) gibt es unterschiedliche Meinungen. Und gerade diese Variabilität ist auch der Nachteil dieser Übung. Wenn Sie jedes Mal ein klein wenig anderes Vorgehen wählen, bringt das mehr Verwirrung als Erfolg.

Ziel der Übung: Der Hund lernt sich selbst zu korrigieren. Er erkennt, dass Ziehen ihn nicht vorwärts bringt, sondern es erst weitergeht, wenn kein Zug mehr zu verspüren ist.

Erster Lernschritt: Leinenzug wahrnehmen
Lassen Sie dem Hund die übliche Leinenlänge, die er ausnützen darf. Sobald sich die Leine zu straffen **beginnt**, bleiben Sie stehen. Sagen Sie erst mal nichts. Sie halten die Hand ruhig gegen den Zug der Leine dicht am Körper und gehen wirklich keinen Schritt mehr vorwärts – auch kein Nachgeben Ihres Arms in Richtung ziehender Hund. Wendet sich der Hund Ihnen zu, wird er natürlich gelobt.
Wenn nicht, warten Sie ca. 3–4 Sekunden und machen dann Ihr Achte-auf-mich-Geräusch, zusätzlich können Sie einen kleinen Schritt rückwärts machen. Diese 3–4 Sekunden Wartezeit sind deshalb erforderlich, weil Sie dem Hund damit Zeit geben zum Nachdenken und sich selbst »aus dem Zug« zu nehmen. Sie möchten doch wahrscheinlich, dass sich Ihr Hund mit der Zeit selbst korrigiert, sobald sich die Leine strafft. Wenn Sie sofort mit dem Achte-auf-mich-Signal oder einer anderen Aufmerksamkeitsgeste reagieren, wird dieses mit hoher Wahrscheinlichkeit zum Signal und Sie müssen es jedes Mal geben.

Also nochmals zusammengefasst: Der Hund bemerkt den Leinenzug und reagiert innerhalb dieser kurzen Zeitspanne von alleine darauf oder

Stehen bleiben, wenn sich die Leine strafft.

wird spätestens nach dem Achte-auf-mich-Signal darauf aufmerksam. Er wird daraufhin langsamer oder wendet sich Ihnen zu. Dafür wird er gelobt und bekommt ein Leckerchen.
Dann geht es weiter, vielleicht nur wenige Schritte, bis wieder Zug auf der Leine entsteht. Hier ist Geduld nötig, bis der Hund versteht – geben Sie also nicht gleich nach den ersten Versuchen auf.

Zweiter Lernschritt: Großes Lob für selbständige Korrektur
Der Hund bekommt nur noch dann ein Leckerchen, wenn er sich beim Straffen der Leine selbstständig korrigiert. Braucht er noch Ihr Signal, um zu reagieren, wird er zwar gelobt, bekommt aber keine Leckerchen mehr.
Erst wenn sich der Hund immer öfters von alleine korrigiert und Ihr Signal kaum mehr nötig ist, verwenden Sie statt der Leckerchen ab und an ein verbales Lob, das ist einfach praktischer als jedes Mal ein Leckerchen zu reichen.

Wichtig:

- Kommt Ihr Hund, nachdem er sich korrigiert hat, ganz zurück zu Ihnen, gehen Sie anschließend ganz normal mit ihm weiter. Wenn Sie

Wendet sich der Hund Ihnen zu, wird er gelobt.

ihm hierbei ein zu aufmunterndes Signal geben würden, ließe ihn dies wahrscheinlich schnell wieder vorwärts eilen

- Rechnen Sie damit, dass Sie beim Gehen in stärker frequentiertem Gelände wieder vermehrt Ihr Achte-auf-mich Geräusch benötigen.
- Manchmal reden Hund und Mensch aneinander vorbei. Der Hundehalter meint, sein Hund reagiere auf das Straffen der Leine, in Wirklichkeit ist es das gleichzeitige deutliche vernehmbare Fußaufsetz-Geräusch des Menschen. Hört er dieses, wird er langsamer – das fast gleichzeitige Straffen der Leine ist für ihn nicht von Belang.

Fokus – »Da will ich hin!«

Manche Hunde gehen überwiegend an lockerer Leine, fühlen sich aber von bestimmten Zielen fast magisch angezogen und setzen alles daran, um dorthin zu gelangen. Sie ziehen kontinuierlich immer heftiger oder versuchen ihr Ziel mit einem Blitzstart zu erreichen. Die anvisierten Ziele können dabei recht unterschiedlich sein.

- Häufig sind es Artgenossen. Besonders junge Hunde möchten oftmals zu jedem Hund Kontakt aufnehmen. Für andere bedeutet ein solches Zusammentreffen in der Regel Spiel und Rennen. Das schon fast gewohnheitsmäßige Ziehen die letzten Meter bis zur

Hundewiese oder zum Treffpunkt mit dem Hundefreund kennt fast jeder Hundebesitzer.

- Manchmal sind es Personen, die dem Hund besonders erstrebenswert erscheinen, weil sie von diesen immer gestreichelt werden oder ein Leckerchen erhalten.
- Andere Vierbeiner finden Gerüche oder die Nähe von Wasser so aufregend, dass sie nicht widerstehen können
- Und manchmal ist es irgendwas am Horizont, das die Aufmerksamkeit unseres Hundes erregt und ihn so gefangen nimmt, dass er unbedingt dort hin will

Manchmal erkennt man nicht sofort, was die Aufmerksamkeit des Hundes erregt. Was hat dieser Hund wohl in der Nase?

Körpersprache – Aufregungszeichen des Hundes erkennen

Der gefürchtete »Blitzstart« kommt zwar für den Hundehalter meist sehr überraschend, aber vermutlich hat der Vierbeiner sein Ziel bereits seit einigen Sekunden im Visier – die kleinen Vorankündigungen hierzu sind allerdings leicht zu übersehen und werden auch von Hund zu Hund etwas unterschiedlich gezeigt.
Je früher Sie die Aufregungszeichen Ihres Hundes wahrnehmen, umso besser können Sie gegensteuern.

Achten Sie einmal auf folgende Signale:

- Bei Interesse oder Aufregung zeigt sich häufig eine kleine Anspannung am Ohransatz und die Ohren werden etwas aufgestellt und es entsteht eine kleine Stirnfurche.

- Die Bewegungen werden angespannter, manche Hunde gehen etwas steifbeiniger oder richten sich auf – die Schulterblätter kommen dadurch etwas höher, andere verlangsamen den Schritt, beginnen sich abzuducken oder zu schleichen.
- Der Blick ist ein guter Indikator, wie fokussiert der Hund auf einen gewissen Punkt ist. Wenn er kaum mehr wegschauen kann, müssen Sie damit rechnen, dass er »plötzlich« in diese Richtung losstartet. Kann er ab und an noch wegschauen, ist die Anspannung noch nicht ganz so groß.

Beobachten Sie auch, welche weiteren Signale bei Ihrem Hund dem plötzlichen Losstarten vorausgehen:

- Ist es ein kurzes Innehalten, Abducken oder ein fast unmerkliches Anspannen der Muskulatur?
- Gehört Ihr Hund zu denen, die ganz leicht das Gewicht verlagern – meist zunächst kurz auf die Vorhand, dann auf die Hinterhand?

Da will ich hin! Zwischen Wahrnehmen und Losstarten liegen oft nur Sekundenbruchteile.

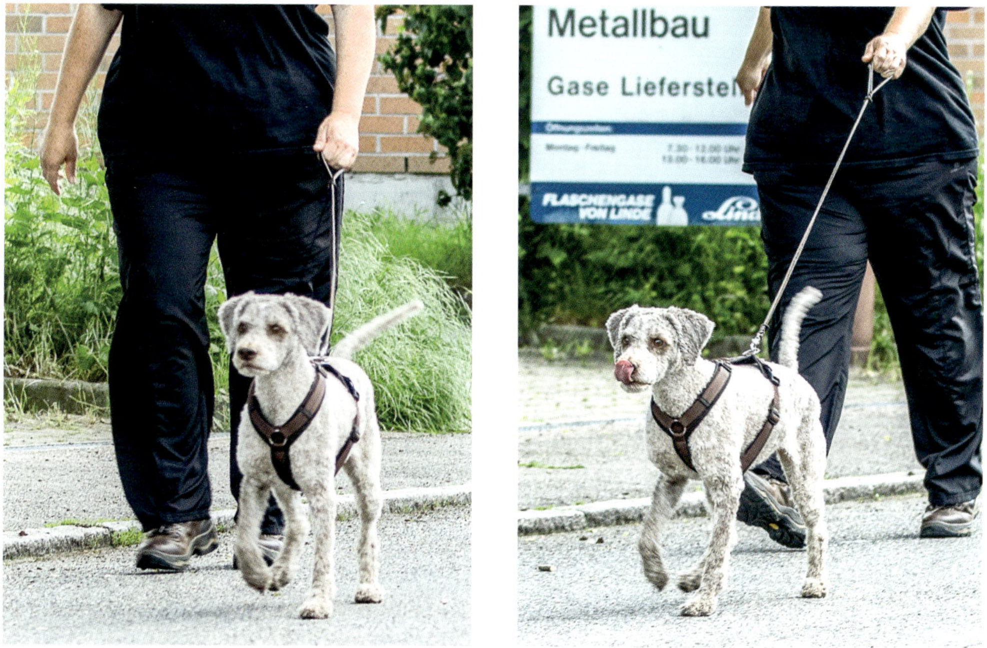

Stoppen in einer Akutsituation

Wenn die Situation erst mal eingetreten ist und der Hund ziehend in der Leine hängt, ist er mit großer Wahrscheinlichkeit nicht mehr empfänglich für Anweisungen. Reden Sie nicht auf ihn ein – er hat eine Art Tunnelblick – da will ich hin!! Das Wichtigste ist, dass Sie den Vierbeiner körperlich einigermaßen kontrollieren können. Fassen Sie die Leine mit beiden Händen, die Sie dicht vor Ihren Bauch halten. Wenn möglich, drehen Sie zügig um und gehen in die andere Richtung. Kommt er mit, wenn auch die ersten Schritte vermutlich etwas angespannt, wird er natürlich gelobt, sobald er wieder entspannter mit Ihnen mitläuft.
Gelingt dies nicht, nehmen Sie die Leine deutlich kürzer und stellen sich mit Ihrem ganzen Körper zum Hund, so dass Sie frontal vor ihm stehen. Das ist nicht ganz so einfach, wie es sich liest. Stellen Sie sich das Ganze am besten bildlich vor, wie Sie mit festem Schritt und aufrechter Körperhaltung vor Ihren Hund treten. Vielleicht probieren Sie es vorher mal aus oder lassen Sie es sich zeigen, ehe Sie es dann im Bedarfsfall anwenden. Wenn durch eine solche Aktion noch mehr Stress entsteht, haben Sie nichts gewonnen, im Gegenteil.

Bleiben Sie ruhig stehen. Wenn Sie aus dem Abstoppen ein »Wer-drängelt-besser-an-anderen-Vorbei« machen, ist der Hund eher darauf konzentriert und kommt nicht zur Ruhe. Notfalls halten Sie ihn mit der Leine oder am Geschirr bzw. Halsband in der gewünschten Position. Erst wenn sich der Hund etwas beruhigt hat, können Sie verbal mit ihm kommunizieren. Sprechen Sie ihn mit ruhiger Stimme an und gehen Sie mit ihm in eine andere Richtung weiter, möglichst nicht direkt auf das Gegenüber zu.

Natürlich übt die Leine in diesen Momenten einen starken Zug aus. Hunde, die zu solchen Aktionen neigen, tragen in der Lernzeit ein gut sitzendes Geschirr oder werden an Geschirr und Halsbandleine geführt, damit die körperlichen Einwirkungen abgemildert werden können.

Als Notfallmaßnahme können Sie evtl. auch eine Handvoll Leckerchen vor den Hund auf den Boden werfen, manche lassen sich davon »bestechen«.

Training: Wenn Ziehen zur Gewohnheit geworden ist

Im Prinzip ist das Trainingsziel klar: Der Hund darf mit seinem Ziehen nicht mehr zum gewünschten Erfolg kommen. Aber – es reicht nicht aus, dem Hund nur etwas zu verbieten, er muss auch lernen, wie er besser mit seiner Aufregung umgehen kann und was er tun sollte, anstatt an der Leine zu ziehen.
Überprüfen Sie Ihre Einstellung. Wie wichtig ist Ihnen das »Nicht-Ziehen« in diesen Situationen? Wenn Sie entscheiden, dass Sie dies nicht zulassen wollen, bedeutet das Aufmerksamkeit und Konsequenz. Sie brauchen dabei kein schlechtes Gewissen zu haben. Ihr Hund muss nicht zu jedem anderen Hund, den er trifft, Kontakt haben, um glücklich zu sein, oder sich sofort in jedes Gewässer stürzen, das er wahrnimmt.

An einem Beispiel möchten wir aufzeigen, wie Sie vorgehen könnten: Angenommen, der Hund strebt immer sehr heftig zum Treffpunkt, an welchem er üblicherweise seinen Hundefreund trifft.
Ideal ist es, wenn das Hund-Mensch-Team, welchem das Ziehen gilt, die Mitarbeit anbietet. Dann können Sie sooft vorbeigehen, wie nötig, sich absprechen und müssen in der Regel auch

Sitzen in machbarer Entfernung.

Zu nah und deshalb zu schwierig.

Mit etwas Abstand und auf der abgewandten Seite fällt das Vorbeigehen leichter.

keine Sorge haben, wenn die Aufgabe nicht gelingt. Das folgende Vorgehen kann in abgewandelter Form natürlich auch für andere Bereiche verwendet werden.

Als erste Maßnahme durchbrechen Sie das bisher Gewohnte, das erleichtert das Lernen. Dazu vereinbaren Sie immer wieder neue Treffpunkte oder gehen auf unterschiedlichen Wegen dahin. Sie können auch zum gewohnten Treffpunkt gehen und der andere ist nicht da. Üben Sie dort ein wenig mit Ihrem Hund, lassen ihn etwas herumschnüffeln oder setzen sich mit ihm auf die Wiese. Wichtig ist, dass er dabei entspannen kann und nicht voll Erwartung die Gegend nach dem anderen absucht. Erst wenn er für seine Verhältnisse gelassen ist, gehen Sie wieder weiter.

In den nächsten Übungsschritten gehen Sie in ausreichendem Abstand am anderen Hund vorbei, in weiten Slalomkehren auf ihn zu, dann wenden Sie wieder, um mehr Abstand zu gewinnen, zwischendurch halten Sie kurz an, lassen den Hund sitzen, machen ihn auf sich aufmerksam – loben nicht vergessen, und gehen wieder weiter. Vermutlich kommen Sie beim ersten Treffen erst gar nicht bis auf die Hundewiese, das ist nicht schlimm. Freuen Sie sich, wenn Sie nach mehreren Übungsterminen ohne zu ziehen am Hundefreund vorbeigehen können. Es ist durchaus möglich, dass Sie hierfür zunächst mehrere Meter Abstand benötigen und vermutlich muss sich der andere Hund erst mal ganz ruhig verhalten.
In einem weiteren Übungsschritt können Sie den Abstand verringern und auch der Übungshund

bewegt sich mehr oder weniger schnell. Am besten führen Sie dann beide Hunde auf den ersten Minuten des Spaziergangs an der Leine in einigem Abstand nebeneinander.
Möchten Sie die Hunde später miteinander spielen lassen, so achten Sie unbedingt darauf, dass Sie die Leine nicht in dem Moment lösen, in dem Ihr Hund zum anderen drängt. Warten Sie damit, bis Ihr Hund sich für seine Verhältnisse entspannt verhält.

Training bei Blitzstarts

Es ist schwierig, Blitzstarts völlig zu verhindern und nur mit ein paar Übungen zur Leinenführigkeit wird es vermutlich nicht getan sein. Vielleicht muss Ihr Hund grundsätzlich mehr innere Ruhe erwerben oder lernen, seinen Impulsen nicht mehr sofort nachzugehen.

Wenn es bestimmte Auslöser für den Blitzstart gibt, kann an diesen geübt werden. Unglücklicherweise können viele Auslöser aber nicht gezielt herbeigeführt werden. Am Komposthaufen oder dem Mauseloch ist es noch machbar. Wenn die Krähen auf dem Feld oder die Katze unter dem Auto die Auslöser sind, wird es schwierig. Hier könnten Sie evtl. über Umwege etwas erreichen. Wenn der Hund beispielsweise auf die Bewegung reagiert, braucht es anfangs nicht unbedingt die auffliegende Krähe, einen Bewegungsreiz können Sie auch mit einem Tennisball erreichen.

Beispiel: Kein Blitzstart bei Bewegungsreiz
Probieren Sie aus, ob sich der Hund in der aktiven oder passiven Rolle besser beherrschen kann. Aktiv heißt: Im ersten Lernschritt gehen Sie mit ihm beispielsweise am auf dem Boden liegenden Tennisball vorbei, darauf zu und wenden ab. Im nächsten Lernschritt geht der Hund mit Ihnen, während der Tennisball leicht bewegt wird usw. Passiv bedeutet: der Hund sitzt oder steht und die Aktivität geschieht um ihn herum. Dies setzt genaue Absprachen mit den Helfern voraus, denn Abstand und Dynamik müssen stimmen, damit die Aufgabe machbar wird.

Im Idealfall ist der Abstand zum aufregenden Reiz und die Dosierung so gewählt, dass der Hund die Ablenkung zwar bemerkt, es ihm aber trotzdem möglich ist, ruhig zu bleiben und auf Ihre Anweisungen zu reagieren. Trotzdem wird es ab und an passieren, dass die Anforderungen zu hoch sind und er zum Blitzstart ansetzt. Jetzt haben Sie es etwas einfacher, weil Sie nicht davon überrascht werden, sondern Ihre Konzentration bereits auf dem Hund liegt.
Zeigt der Hund erste Anzeichen dafür, ist es Zeit zu handeln und seinen Fokus umzulenken: Stellen Sie sich vor ihn, nehmen Sie die Leine kürzer, aber nicht so stramm, dass gar kein Spielraum mehr bleibt. Nun können Sie ihn auch ansprechen, z.B. absitzen lassen oder ihn auf sich aufmerksam machen. Kommt er dieser Aufforderung nach, wird er natürlich gelobt. Versucht er an Ihnen vorbei zu drängeln, treten Sie ihm ohne zu reden einfach wieder in den Weg. Vergessen Sie das Loben nicht, wenn er auf Sie reagiert. Dann gehen Sie mit ihm ein paar Meter und wiederholen die Trainingssituation, allerdings mit größerem Abstand oder weniger aufregendem Reiz.

Im Alltag **unterwegs**

Im Idealfall konnten Sie und Ihr Hund die Leinenführigkeit etwas abseits der vielbegangenen Straßen trainieren und den besonders schwierigen Ablenkungen zunächst aus dem Weg gehen. Schritt für Schritt werden diese Kenntnisse nun auch auf andere Wegstrecken übertragen. Dabei gibt es sicher so manche Situation, in der Ihr Hund seine eigenen Bedürfnisse zurückstellen muss, um leinenführig zu bleiben. Im Freilauf würde er sich hier vermutlich völlig anders verhalten. Vielleicht würde er im Bogen ausweichen oder sein Lauftempo verändern, wenn er dicht an einem knatternden Lastwagen oder einem entgegenkommenden Passanten vorbei muss. Vielleicht möchte er möglichst schnell zum Artgenossen auf der anderen Straßenseite, zum Fußgänger, der ihn lockend anspricht oder das weggeworfene Brötchen am Wegrand erreichen. Nun aber geben ihm Mensch und Leine den Weg vor.
Es ist anstrengend, leinenführig zu sein und gelingt anfangs nicht einen ganzen Spaziergang lang. Üben Sie Leinenführigkeit ganz bewusst und nur in kurzen Einheiten, dazwischen bekommt der Hund je nach Gelände Freilauf oder hat FREI an der Leine und kann dabei seinen Gelassenheits-Akku wieder aufladen.

Hunde lernen situationsbezogen

Sie verknüpfen beim Erlernen nicht nur die gewünschte Handlung, das dazugehörige Signal oder die dafür verwendete Belohnung

Walking-Stöcke gehören für diesen Hund zum Spaziergang. Für einen anderen könnte das gewöhnungsbedürftig sein

Stadthunde müssen sich auf verschiedene Untergründe, Treppen oder Aufzüge einstellen.

Für die meisten Landhunde sind Pferde und andere Tiere ein vertrauter Anblick.

miteinander, sondern auch weitere Wahrnehmungen, die sie währenddessen machen. Zum Lernumfeld gehörten vielerlei Dinge: Gerüche, Geräusche, eine bestimmte Ausrüstung oder Ihre (evtl. auch unbewusst eingenommene) Körperhaltung.

Ein gutes Beispiel dafür ist das Alltagsumfeld des Hundes. Ein Hund, der auf dem Lande lebt, kann vermutlich an lockerer Leine an Hühnern, Pferden oder Landmaschinen vorbeigehen – einfach, weil er die Leinenführigkeit in diesem Umfeld erlernt hat. Er hat aber vielleicht Schwierigkeiten, wenn er in der Stadt vielen Menschen begegnet. Umgekehrt ist ein Stadthund sicher gut an Begegnungen mit vielen Menschen gewöhnt, ihm fällt es jedoch vielleicht schwer, beim Anblick von Hühnern oder Katzen an lockerer Leine zu gehen.

Wenn der Hund, ohne an der Leine zu ziehen, in unterschiedlichen Alltagssituationen mitlaufen soll, müssen wir es mit ihm zusammen in genau diesen Situationen auch üben. Planen Sie dabei ein, dass eine Veränderung des Umfelds oder der Spaziergehbedingungen nicht nur den Hund aus dem Konzept bringen kann. Wenn Sie beispielsweise seither immer allein mit Ihrem Hund unterwegs waren und nun gemeinsam mit anderen gehen, ist dies nicht nur für den Hund eine ungewohnte Situation. Auch Sie verhalten sich vermutlich ein wenig anders, sind abgelenkt oder nicht so präzise in den Anweisungen an den Hund. Außerdem sind Richtungswechsel oder Stehenbleiben gar nicht so einfach auszuführen, wenn noch andere Personen mitgehen.

Ablenkungen in richtiger Dosierung

Das Hörvermögen und ganz besonders das Riechvermögen des Hundes übertrifft das des Menschen bei weitem, deshalb können wir oft nur schwer nachvollziehen, wie der Hund seine Umwelt tatsächlich wahrnimmt. Es liegt aber nicht nur an der Wahrnehmung, sondern auch an der unterschiedlichen Wertigkeit, die dieser beigemessen wird: Sie sehen den entgegenkommenden Spaziergänger, Ihr Hund bemerkt den Geruch der Wurstsemmel im Rucksack und den der Katze am Hosenbein. Für Sie ist der Feldweg nichts Besonderes, für Ihren Hund eine Quelle von Informationen. Viele Dinge, die für unseren Hund eine beträchtliche Ablenkung darstellen, bleiben uns verborgen.

Es bleibt daher nichts anderes übrig, als das Verhalten des Hundes genau zu beobachten, um zu erkennen, wann er abgelenkt oder verunsichert ist, und wann er sich gerade noch so weit an Ihnen orientieren kann, dass es mit der Leinenführigkeit klappt. Mit der Zeit wissen Sie um die »Sorgen-Stellen« Ihres Hundes: eine zu geringe Distanz zu aufregenden Dingen, ein Artgenosse, Geräusche und Gerüche, fremde Menschen, spielende Kinder, ein unbekanntes Umfeld usw.

- Steigern Sie die Anforderungen stufenweise und erwarten Sie nicht zu viel auf einmal. Wenn Sie in einem neuen Umfeld üben, geschieht dies am besten erst mal ohne große Ablenkung. Kann Ihr Hund hier an lockerer Leine unterwegs sein, erhöhen Sie die Anforderungen: unterschiedliche Tageszeiten, mehr Publikumsverkehr usw.
- Anhaltspunkt dafür, dass Sie nicht zu schnell vorgehen: Der Hund interessiert sich zwar für die Veränderung, kann aber dennoch an lockerer Leine mitgehen. Beginnt er ständig zu ziehen oder geht er sehr unruhig, war es zu viel.

Bei sehr aufgeregten oder ängstlichen Vierbeinern ist es am besten, wenn Sie die Toleranz gegenüber besonders ablenkenden oder beängstigenden Wahrnehmungen in gesonderten Lernschritten üben, ehe Sie hier die Leinenführigkeit in Angriff nehmen. Ähnlich wie beim Welpen, der ja auch erst seine Umwelt kennenlernen muss. Viele Reize verlieren zunehmend den Aufregungs-Charakter, wenn der Hund sie immer wieder betrachten und sich in kleinen Schritten daran gewöhnen darf. Wenn er beispielsweise jede Woche den rasenmähenden Nachbarn erleben konnte oder zum x-ten Mal am Bagger vorbeigegangen ist, lässt die Aufregung und das Interesse wahrscheinlich deutlich nach.
Diese Gewöhnungsspaziergänge sind allerdings nur dann erfolgreich, wenn die Reize in einer Intensität auftreten, die der Hund noch bewältigen kann. Wenn Sie sich nicht sicher sind, wie sich Ihr Hund dabei fühlt, holen Sie sich Unterstützung. Stimmt die Dosierung oder das Vorgehen nicht, kann der Hund statt sich an einen bestimmten Reiz zu gewöhnen, auch immer empfindlicher darauf reagieren.

Ablenkung in richtiger Dosierung, der Hund kann an lockerer Leine mitgehen.

Körpersprache – Stress- und Deeskalationszeichen des Hundes

Hunde teilen über viele, auch kleinste Signale oder Signalkombinationen ihre Emotionen und Absichten mit. Und weil Stress und Anspannung nun mal mit zum Leben gehören, wird Ihr Hund auch ab und an Stress- oder Deeskalations-Signale zeigen. Geraten Sie deshalb also nicht gleich in Sorge, wichtig ist, dass Sie diese Signale erkennen. Zeigt der Hund grundsätzlich sehr oft Stress-Signale oder treten sie gehäuft in bestimmten Situationen auf, bedeutet dies, dass Sie ihm helfen müssen.
Viele Signale werden nur für den Bruchteil einer Sekunde gezeigt und sind deshalb leicht zu übersehen, andere wiederum sind länger wahrnehmbar oder werden erst verzögert gezeigt.

Die wichtigsten Stresszeichen sind:

- Hecheln, schmatzen, speicheln, Gebiss klappern, zittern, erweiterte Pupillen, Backen blasen, Stressgesicht
- Häufiger Kot- und Urinabsatz, Durchfall (auch zeitverzögert)
- Erstarren, vermindertes Erkundungsverhalten, Stressdösen, Erektion
- Schuppenbildung, Haarausfall

Beschwichtigende, deeskalierende Gesten
sind Signale dafür, dass sich der Hund in einer für ihn unklaren oder belastenden Situation befindet. Dies kann eine bestimmte Umweltsituation sein oder eine Begegnung. Auch Missverständnisse zwischen Ihnen und dem Vierbeiner beim Lernen oder durch die Körpersprache führen zu diesen Gesten. Manche (wie sich hinsetzen, kratzen, wegschauen) könnten wie Ignoranz oder Ungehorsam des Hundes wirken, sind aber in Wirklichkeit ein »Hilferuf«.

- Über die Schnauze lecken, gähnen, blinzeln
- Sich abwenden, dies reicht von Kopfwegdrehen bis den ganzen Körper abwenden und einen Bogen gehen, langsamer gehen
- Hinsetzen oder legen, sich kratzen, am Boden schnüffeln, pföteln, Spielaufforderungen
- Seitliches Hinlegen mit leicht angewinkelten Gliedmaßen oder Präsentieren des Bauches ist eine besonders extreme Form des Beschwichtigens

Ausweichen und Schnüffeln ist für diesen Hund eine gute Strategie bei Begegnungen.

Nützliche Übungen rund um die Leinenführigkeit

Wählen Sie die Übungen, welche für Ihren Spaziergang und Ihren Hund sinnvoll sind. Wenn Ihnen mehrere nützlich sein können, beginnen Sie mit dem wichtigsten.

»WEITER«

Dies ist für uns ein wichtiges Signal beim Leinenspaziergang. Damit lässt sich der Hund nicht nur zum Weitergehen bewegen, sondern es schwächt auch manchen Konflikt bereits im Entstehen ab. Durch ein ruhig gesprochenes WEITER in Kombination mit zielstrebigem Weitergehen, teilen Sie Ihrem Hund mit, dass Sie beide gerade kein Interesse am entgegenkommenden Jogger oder dem Artgenossen hinter dem Gartenzaun haben.

Ziel der Übung: Der Hund lernt, sein Interesse von etwas abzuwenden (körperlich und gedanklich!) und mit Ihnen in die angegebene Richtung den Spaziergang fortzusetzen.
Es verhindert, dass Sie ihn ständig an der Leine irgendwo weg- oder weiterziehen müssen.

Zum Üben wählen Sie ein ruhiges Gebiet und eine Ablenkung, die den Hund nicht allzu sehr in Anspruch nimmt, beispielsweise eine Duftmarke am Wegesrand oder ein Passant auf der anderen Straßenseite. Ihr Hund nimmt diesen Reiz wahr und beschäftigt sich kurz damit (schnüffeln, hinschauen, stehen bleiben o.Ä.). Daraufhin bekommt er von Ihnen das Signal zum Weitergehen:

- Sprechen Sie ihn mit Namen und dem Signal WEITER an. Das Wort hat zunächst keinerlei Bedeutung für Ihren Hund und wird erst im Laufe der Zeit zum Signal. Zunächst reagiert er auf Ihren Tonfall und Ihre Körpersprache.
- Zeitgleich zeigen Sie mit einer deutlichen Armbewegung in die Richtung, in die Sie gehen möchten und setzen Ihren Weg dahin fort, die ersten Schritte evtl. betont schneller. Lassen Sie dabei immer ausreichend Leinenspielraum, der Hund soll nicht herbeigezerrt und der Zug an der Leine nicht zum Signal werden.

Wenn der Hund hinter Ihnen herkommt, wird er im Weitergehen gelobt. Ob Sie ihm dabei noch ein Leckerchen reichen, müssen Sie ausprobieren. Der Hund soll ja später nicht immer dicht zu Ihnen kommen, sondern einfach nur weitergehen. Reagiert der Hund nicht, treten Sie ruhig an ihn heran und drängen ihn durch Ihre Körpersprache seitlich oder etwas nach hinten z.B. von der Schnüffelstelle weg. Natürlich ohne ihn heftig zu schubsen. Wird er daraufhin aufmerksam auf Sie, sprechen Sie ihn wieder mit WEITER an und gehen zielstrebig in die angedachte Richtung.

Üben Sie für einige Wochen an eher unwichtigen Ablenkungen. Der Hund darf sich kurz damit beschäftigen, dann kommt Ihre Aufforderung zum Weitergehen. Wenn Sie damit allerding zu lange warten und er sich bereits am Grasbüschel fest geschnüffelt hat, ist es schwieriger ihn zum Mitgehen zu bewegen.
Steigern Sie den Schwierigkeitsgrad nur langsam. Reagiert der Hund nicht, war die Ablenkung zu groß bzw. der Hund hat die Aufgabe noch nicht genau verstanden. Gehen Sie nochmals einen Übungsschritt zurück.

»SCHAU HER«

Blickkontakt aufnehmen hat zunächst einmal nichts mit Leinenführigkeit zu tun, ist aber eine gute Unterstützung in vielen Alltagssituationen,

weil Sie dadurch die Aufmerksamkeit Ihres Hundes haben und besser mit ihm kommunizieren können. Besonders gut ist es, wenn er diesen Blickkontakt auch bei Ablenkungen halten kann. Ein Hund, der mit Blickkontakt zu seinem Menschen an lockerer Leine am tobenden Artgenossen vorbeigeht, ist schon was ganz Tolles.
Ziel der Übung: Auf das Signal z.B. SCHAU richtet der Hund seine Aufmerksamkeit auf Sie. Manchen Hunden fällt es allerdings schwer, dem Menschen direkt in die Augen zu schauen. In diesem Fall reicht es, wenn der Hund seinen Blick und damit seine Aufmerksamkeit auf Sie richtet. Möchten Sie, dass der Hund Ihnen ins Gesicht oder in die Augen schaut, ist es besonders wichtig, auf eine entspannte, nicht bedrohliche Körpersprache zu achten. Blicken Sie dem Hund möglichst nicht starr in die Augen, sondern ein klein wenig an ihm vorbei.

SCHAU ohne Ablenkung.

Erster Lernschritt: Blickkontakt aufbauen
Wenn Ihr Hund von sich aus gerne Blickkontakt zu Ihnen aufnimmt, dann loben Sie ihn nun jedes Mal dafür bzw. belohnen ihn. Bietet er diesen daraufhin immer öfter von sich aus an, verwenden Sie im Moment der Blickaufnahme zusätzlich das Signal SCHAU und er bekommt unmittelbar anschließend eine Belohnung.
Zeigt der Hund von sich aus eher wenig Blickkontakt, helfen Sie ein wenig nach, in dem Sie z.B. ein Leckerchen in die Hand nehmen. Vermutlich wird der Hund nun versuchen, dieses zu bekommen und Sie anstupsen. Halten Sie die Hand ruhig, geben Sie keine weiteren Anweisungen, warten Sie einfach ab. Die meisten Hunde richten nach mehreren vergeblichen Versuchen ihren Blick fragend auf den Menschen. In dem Moment, in dem der Hund Blickkontakt aufnimmt, erhält er sofort die Belohnung. Nach einigen Wiederholungen haben die meisten Hunde gelernt, dass Blickkontakt aufnehmen eine Möglichkeit ist, an das Futter zu gelangen. Jetzt geben Sie im Moment der Blickaufnahme zusätzlich das Signal SCHAU.

Weitere Lernschritte: Blickkontakt halten – auch in der Bewegung
Zunehmend lernt der Hund, seine Aufmerksamkeit immer länger auf Sie zu richten. Dazu wird die Zeitspanne zwischen Blickkontakt aufnehmen und Belohnung geben langsam gesteigert. Schaut der Hund wieder weg, ehe Sie belohnen möchten, waren Sie zu langsam oder haben die Konzentrationsfähigkeit Ihres Hundes überschätzt.

In weiteren Schritten üben Sie das SCHAU in der Bewegung, denn der Hund soll Sie auch anschauen, während er neben Ihnen hergeht. Gelingt das Aufnehmen von Blickkontakt im ruhigen Umfeld daheim, verlagern Sie das Training nach draußen, zunächst bei wenig Ablenkung und später, wenn etwas Interessantes ins Blickfeld gerät.

»HINTEN«

Auf schmalen Pfaden, steil bergabführenden, rutschigen Wegen soll der Hund zwar dicht bei Ihnen gehen, ein direktes Nebenher-Gehen ist jedoch nicht möglich. Auch an Engstellen oder bei Begegnungen kann es erforderlich sein, dass Sie vorangehen und den Hund lieber hinter sich haben möchten.

Ziel der Übung: Der Hund läuft an lockerer Leine dicht hinter Ihnen ohne zu drängeln. Diese Anweisung müssen Sie wieder aufheben, wenn der Hund wieder in anderer Form mitlaufen soll. Am besten üben Sie dieses Hintengehen auf einer Wegstrecke, die seitlich durch eine Mauer oder Hecke begrenzt wird. Gehen Sie mit dem angeleinten Hund so dicht an der Mauer entlang (Hund geht auf der Mauerseite), dass er nicht mehr neben Ihnen, sondern hinter Ihnen gehen muss. Bleibt er für einige Schritte ruhig hinter Ihnen, wird er gelobt. Drängt er nach vorne, nehmen Sie ihm diese Möglichkeit, indem Sie ihm mit Ihrem Körper oder Bein etwas den Weg abschneiden. Lassen Sie sich dabei nicht auf ein Gerangel ein. Manche Hunde entwickeln ein enormes Geschick, sich zwischen den Beinen des Besitzers hindurch zu drängeln. Bleiben Sie notfalls alle paar Meter stehen und versperren Sie ihm ruhig und souverän den Weg:

- Stellen Sie Ihr Bein, an dessen Seite sich der Hund befindet, wie eine Schranke quer vor ihn

Lassen Sie sich auf kein Gerangel mit dem drängelnden Hund ein. Begrenzen Sie ihm souverän den Weg, ohne ihn einzuschüchtern.

- Schneiden Sie ihm den Weg ab, in dem Sie kurz das Tempo verschärfen und vor ihm gehen
- Machen Sie mit dem vom Hund abgewandten Bein eine Art Ausfall-Schritt vor den Hund. Dabei wenden Sie sich dann fast automatisch mit dem Oberkörper dem Hund entgegen. Diese Geste ist sehr deutlich und kann deshalb den Hund verunsichern oder bedrohlich auf ihn wirken.
- Zusätzlich können Sie Ihre Handfläche mit gespreizten Fingern flach vor den Hund halten.

Wiederholen Sie die Übung mehrere Male an unterschiedlichen Stellen und loben Sie Ihren Hund jedes Mal für das richtige Verhalten. Erst, wenn der Hund bereits für einige Schritte gut hinter Ihnen geht, ohne zu drängeln oder zu versuchen, Sie auf der anderen Seite zu überholen, können Sie das dazugehörige Signal z.B. HINTEN oder ZURÜCK einführen. Geben Sie es immer genau in dem Moment, in dem der Hund wie gewünscht hinter Ihnen geht.
Verwenden Sie bei dieser Übung relativ unspektakuläre Leckerchen, reichen Sie diese eher nach hinten, fuchteln Sie keinesfalls damit vor ihrem Körper herum. Sonst ist der Hund geneigt, Sie ständig zu überholen, um an die Leckerchen zu kommen.

»BEI MIR«

Bei Begegnungen auf geringe Distanz oder wenn Sie an etwas vorbeigehen möchten, das den Hund sehr interessiert, ist es gut, wenn Sie ihn etwas näher bei sich haben. So können Sie ihn besser lenken und bei Bedarf schneller eingreifen.
Ziel der Übung: Der Hund geht auf ein entsprechendes Signal hin dicht bei Ihnen mit. Auch dies müssen Sie wieder durch ein Auflöse-Signal beenden, wenn diese Art des Mitgehens nicht mehr erforderlich ist.
Wenn Sie »Fuß« für das sehr exakte Hundeplatz-Fußgehen verwenden, sollten Sie für den Alltag ein anderes Signal wählen, etwa BEI MIR. Es bedeutet, dass der Hund neben Ihnen geht, er muss es aber nicht mit der Aufmerksamkeit und Exaktheit tun, wie es beim Fuß erwartet wird. Er kann es deshalb auch über eine etwas längere Strecke durchhalten.

Trainingsaufbau: BEI MIR ergibt sich häufig aus dem ganz normalen gehen an lockerer Leine. Immer wenn der Hund entspannt dicht neben Ihnen läuft, loben Sie ihn und geben ihm anschließend sofort das Signal BEI MIR – aber immer, solange er noch in der gewünschten Position mitläuft. Ergänzend können Sie mit Ihrer Hand an Ihr Bein klopfen.

BEI MIR ist nicht nur bei Begegnungen sinnvoll. Falls Ihr Hund zu denen gehört, die zu ziehen beginnen, sobald sie einen größeren Leinenfreiraum erhalten, kann ihm eine Zwischenlösung helfen: er geht zunächst einmal über einen großen Teil des Spaziergangs in der BEI-MIR-Position mit. Dies gibt ihm Struktur und Sie können ihn fürs gute Mitgehen belohnen. Im Lauf der Zeit reduzieren Sie die BEI-MIR-Strecken immer mehr, bis der Hund dann auch an etwas längerer Leine locker nebenher geht. Natürlich braucht auch ein solcher Hund daneben genügend Raum um frei laufen zu können – ob nun an der längeren Leine oder im Freilauf.

Kleines Begegnungs-Abc

Begegnungen mit anderen Menschen und Artgenossen gehören zwar zum Hundealltag, aber nur wenige Vierbeiner gehen ganz ohne Übung entspannt an lockerer Leine vorbei. In der Regel müssen Hund und Mensch auch in diesem Bereich zunächst Erfahrungen sammeln.
Mit der Zeit erkennen Sie, welche Begegnungen für Ihren Hund schwierig sein könnten und entwickeln Routine darin, ihm ohne Aufregung und ganz selbstverständlich Hilfestellung zu geben.

Abstand und geschickte Wegführung

Es ist nicht immer einfach, zu entscheiden, was Sie sich und Ihrem Hund zutrauen sollen. Sind

Wichtig

Unsere Ratschläge sind darauf ausgelegt, eine gute Basis zu schaffen und aufzuzeigen, wie kleinere Begegnungsprobleme gemeistert werden können. Wenn Begegnungen für Ihren Hund eine ganz besondere Herausforderung darstellen, auf die er sehr aufgeregt, verängstigt oder aggressiv reagiert, muss dies ganz individuell geübt werden, am besten unter Anleitung.

Hundebesitzer wünschen sich entspannte Begegnungen.

Sie übervorsichtig, erhält er nur wenig Gelegenheit in neuen Situationen zu lernen. Suchen Sie ständig die Herausforderung, ist das Risiko groß, dass der Hund eben doch an der Leine zieht.
Durch ausreichend Abstand und eine geschickte Wegführung können Sie eine Zwischenstufe schaffen. Sie brauchen die meisten Begegnungen nicht zu meiden, sondern können sie ganz souverän »umgehen«. Das kann bedeuten, dass Sie im Bogen an Entgegenkommenden vorbeigehen, in eine Einfahrt einbiegen, die Straßenseite wechseln oder den Hund so führen, dass Sie zwischen Passant und dem Hund gehen. Sehen Sie dies nicht als Rückzug oder klein beigeben, sondern als kluge Entscheidung.
Bei zu geringem Abstand ist der Hund vielleicht so sehr mit der Begegnung beschäftigt, dass er einfach noch nicht an lockerer Leine gehen kann. Planen Sie anfangs – je nach Situation – durchaus auch mal 10 Meter oder mehr ein. Natürlich wird sich der Abstand mit zunehmender Erfahrung verringern. Durch ausreichenden Abstand vermeiden Sie auch, dass Ihr Hund andere belästigen kann.
Berücksichtigen Sie die Individual-Distanz, die Ihr Hund braucht um sich wohl zu fühlen. Vielleicht kann er selbst sehr gut dicht hinter einem Artgenossen oder Menschen hergehen, ist aber höchst irritiert, wenn jemand direkt hinter ihm geht.
Ein weiterer Punkt, der für einen ausreichenden Abstand spricht: der Höflichkeits-Knigge des Hundes, der vor allem bei Begegnungen mit Artgenossen zum Tragen kommt.

Der passende Abstand lässt sich leider nicht exakt in Metern messen, sondern eher an den Reaktionen Ihres Hundes:

- Der Hund schafft es noch, zwischendurch den Blick vom Gegenüber abzuwenden, entspannt zu gehen oder auf Ihre Anweisungen zu reagieren.
- Er nimmt das Belohnungsleckerchen behutsam entgegen.
- Anfängliche »Aufregungszeichen« werden schwächer.

Begegnungen werden zur Normalität

Gut ist, wenn Ihr Hund von Anfang die Erfahrung machen kann, dass Begegnungen einfach ein Teil des Spaziergangs sind und kein Grund für überschäumende Begeisterung oder Verunsicherung sein müssen. Gute Voraussetzungen dafür:

- Ein Gelände, das Ausweichmöglichkeiten bietet, so dass Sie genügend Abstand einhalten können.
- Ein Umfeld, in dem die Hunde angeleint geführt werden, so dass Sie möglichst sicher vor unerwarteten Hundebegegnungen sind. Und in dem die Menschen in der Regel mit sich beschäftigt und nicht auf Kontakte aus sind.
- Bestellte Übungsbegegnungen, damit Sie ganz in Ruhe trainieren können, bis Ihr Hund versteht, was Sie von ihm möchten. Wählen Sie dafür Personen, die es dem Hund leicht machen, weil sie ihn nicht weiter beachten und einen möglichst ruhigen, wohlerzogenen »Begegnungshund«.
- Ihre Ruhe und innere Überzeugung, dass Begegnungen – mit ein wenig Überlegung – ganz entspannt verlaufen können.

Vielen Hunden ist es angenehmer, wenn sie auf der straßenabgewandten Seite gehen können.

Je nach Wohnsituation finden Sie diese Bedingungen vielleicht direkt vor der Haustür, es kann aber unter Umständen auch bedeuten, dass Sie immer mal wieder bewusst ein geeignetes Gebiet aufsuchen, in dem Sie beide Begegnungs-Erfahrungen sammeln können. Dieser Aufwand lohnt sich, denn jede Begegnung, die gut verläuft, gibt Ihnen beiden Sicherheit und der Hund kann lernen, wie es geht. Bei zu seltenen Gelegenheiten ist eine Begegnung immer ein ganz besonderes Ereignis, das ihn aus dem Konzept bringen könnte.

Gehen Sie bereits mit Ihrem Welpen bzw. Junghund ruhig und selbstverständlich mit der nötigen Distanz am Gegenüber vorbei. Kommt Ihr Kleiner bereitwillig mit, loben Sie ihn dafür. Interessiert er sich für die Begegnung, zieht evtl. etwas in dessen Richtung, sprechen Sie ihn an, machen Ihr Achte-auf-mich-Signal, lenken ihn am anderen vorbei und loben ihn fürs Mitkommen. Integrieren Sie auch beim erwachsenen Hund die Begegnungen wie selbstverständlich in den Alltag.

Stellen Sie sich darauf ein, dass manches Zusammentreffen für Ihren Hund alles andere als normal ist. Es kann aufregend oder irritierend sein, wenn er zum ersten Mal einen besonders kleinen/großen, laut bellenden Artgenossen erlebt, Menschen mit ungewöhnlichen Bewegungsmustern oder Aussehen wahrnimmt oder Joggern und Personen mit Walking-Stöcken und Kopfhörern begegnet. Auch ausladende Gesten oder die Bewegungen spielender Kinder können das Interesse des Hundes wecken oder ihn irritieren.
Handeln Sie, sobald Sie die Sorge Ihres Hundes bemerken und zeigen Sie ihm, wie er dennoch an lockerer Leine gehen kann.

Vergrößern Sie ohne Hektik den Abstand

Dies geschieht möglichst frühzeitig und nicht erst, wenn Ihr Hund bereits angespannt seinen Blick kaum mehr vom Entgegenkommenden abwenden kann. Damit signalisieren Sie, dass Sie keinerlei Interesse am Entgegenkommenden haben. Falls das Gelände einen größeren Bogen nicht zulässt, weichen Sie zumindest auf Wegesbreite aus und führen den Hund auf der abgewandten Seite. Wenn Ihr Hund langsamer gehen oder schnüffeln möchte, können Sie das gerne zulassen, solange er dabei relativ entspannt geht und sein Gegenüber nicht fixiert.

Sagen Sie ihm, was er tun soll

Viele Hunde benötigen darüber hinaus eine Anleitung, die Ihnen ganz konkret vorgibt, wie sie sich verhalten sollen. Gut geeignet dafür sind die Signale WEITER, BEI MIR oder SCHAU HER. Geben Sie das Signal in dem Moment, in dem der Hund die anderen zwar wahrnimmt, sich aber noch auf Ihre Anweisung konzentrieren kann. Fürs ruhige Vorbeigehen wird er selbstverständlich belohnt, allerdings erst dann, wenn er einige Schritte gut vorbeigegangen ist und sich nicht mehr nach der Person umdreht.
Vielleicht stellen Sie fest, dass dies für Ihren Hund die einfachste und entspannteste Art ist, wie er z.B. in der Stadt oder in belebtem Gebiet mit den vielen unterschiedlichsten Begegnungen zurechtkommen kann. Er muss sich um nichts kümmern, Sie sagen ihm, was zu tun ist.
Wichtig ist, dass Sie diese Signale auch sonst gelegentlich auf dem Spaziergang einsetzen. Werden sie nur bei Begegnungen verwendet, wird der Hund dadurch erst recht aufmerksam auf die Besonderheit der Situation.
Einigen Hunden hilft es, wenn Sie bei Begegnungen etwas tragen dürfen, sie sind so damit

Vorbild sein – zielstrebig, aber ganz entspannt des Weges gehen ...

beschäftigt und werden dafür selbstverständlich auch gelobt, so dass der entgegenkommende Mensch fast dabei in den Hintergrund gerät.

Bleiben Sie Vorbild

Denken Sie auch daran, dass Ihr Verhalten beim Wahrnehmen eines Entgegenkommenden, ganz häufig die Weichen dafür stellt, wie eine Begegnung verläuft.
Bei Begegnungen auf mehr oder weniger engem Raum nehmen Sie wahrscheinlich fast automatisch den Hund etwas näher zu sich heran oder fassen die Leine fester. Sie holen tief Luft oder werden langsamer. Diese Veränderungen, und mögen sie noch so klein sein, sind für Ihren Hund Anzeichen dafür, dass man der sich anbahnenden Begegnung Interesse und Aufmerksamkeit schenken sollte. Wenn Sie Ihr Augenmerk auf entgegenkommenden Passanten oder Vierbeiner richten, wird es Ihr Hund vermutlich auch tun. Leben Sie ihm das vor, was Sie von ihm haben möchten: entspanntes, selbstverständliches Vorbeigehen. Bewegen Sie ruhig und zielstrebig und stellen Sie sich Ihren Weg ruhig bildlich vor. Halten Sie die Leine zwar fest, aber nicht mit Anspannung. Einem unsicheren Hund kann es helfen, wenn Sie beim Vorbeigehen den anderen freundlich grüßen. Er spürt durch Ihren lockeren Tonfall und entspannte Körperhaltung, dass die Begegnung völlig unspektakulär ist.

Hundebegegnungen – Leinenführigkeit und Hundeknigge

Hundebegegnungen an lockerer Leine sind für einige Teams eine besondere Herausforderung. Warum? Weil die Hunde in diesen Situationen ganz häufig von ihren Menschen zu einer Wegführung gezwungen werden, die sie im Freilauf selber nie so gewählt hätten. Missverständnisse sind also vorprogrammiert.

Wie begegnen sich Hunde, die nur wenig Interesse aneinander haben, nicht auf Konfrontation aus sind und aus Hundesicht korrekt handeln möchten? Wären sie ohne Leine unterwegs, würden sie

- in einer Art Bogen aufeinander zu bzw. aneinander vorbeigehen und sich dabei immer wieder beobachten, aber nicht starr fixieren. Sie würden zwischendurch schnüffeln, ihr Lauftempo und den Abstand verändern, bis sie irgendwann aneinander vorbei wären.

- wenn größeres Interesse aneinander besteht, sich jeweils seitlich annähern und gegenseitig beschnuppern.
- ihr Vorgehen immer wieder den Informationen anpassen, die sie vom Artgenossen erhalten.

Wenn ein Hund zügig und frontal auf einen anderen zugeht, möchte er offensiv mit ihm in Kontakt treten. Dies ist aus Hundesicht eher unhöflich und kommt einer Konfrontation gleich.
Der Artgenossen kann nun seinerseits ebenfalls Interesse am – wie auch immer gearteten Kontakt – suchen oder ausweichen und signalisieren, dass er daran nicht interessiert ist.

Wie sieht das an der Leine aus? Der entgegenkommende Vierbeiner bewegt sich geradewegs auf Sie zu, nicht weil er das unbedingt so möchte, sondern weil sein Mensch ihn so führt. Weil aber dieser direkte Weg eigentlich Konfrontation bedeutet, reagiert Ihr Hund vielleicht unsicher oder verteidigungsbereit, falls Sie ihn nun ebenfalls »zwingen« auf der direkten Route weiter zu gehen.

An der Leine ist es für einen Hund oft schwer, aus Hundesicht höflich und korrekt zu reagieren. Schmale Bürgersteige, Engstellen usw. lassen nur wenig Spielraum für den Hundeknigge. Helfen Sie Ihrem Hund, dass er dennoch mit

Frontales Aufeinander-Zugehen ist für viele Hunde ausgesprochen schwierig.

Durch eine geschickte Wegführung und Ausweichen machen Sie es dem Hund einfacher.

einem möglichst guten Gefühl am anderen vorbeigehen kann. Geben Sie ihm rechtzeitig die Möglichkeit auszuweichen, sein Tempo anpassen und Beschwichtigungs-Gesten zu zeigen. Manchmal hilft es schon, wenn Sie nur einen kleinen Bogen gehen oder den Hund auf der abgewandten Seite führen. Als zusätzliche Hilfe sagen Sie ihrem Hund, was er tun soll s.o.
Als guter Beobachter bemerken Sie, dass sich angespanntes Verhalten langsam anbahnt. Zunächst steigt das Interesse am Gegenüber, (siehe Aufregungszeichen), bis er irgendwann ziehend in der Leine hängt – und dann reagieren wir (zu spät). Viel besser ist es, wenn Sie Ihren Hund für erwünschtes Verhalten belohnen. Loben Sie ihn, solange er den anderen zwar wahrnimmt, aber noch ruhig mit Ihnen an lockerer Leine mitgeht.

Hunde-Kontakt an der Leine?

Die Regel, dass der Hund an der Leine keinen Kontakt zu anderen Hunden haben soll, hat ihre Berechtigung. Eine solche Begegnung kann gut gehen und zu einem netten Kontakt führen, es können sich aber auch erhebliche Schwierigkeiten daraus ergeben. Diese entstehen meist deshalb, weil wir die Signale der Hunde nicht beachten bzw. uns schwertun, diese richtig einzuschätzen. Ein weiterer Punkt ist, dass die Leine nur wenig Ausweichspielraum zulässt und sich schnell Hunde, Leinen und Menschenbeine ineinander verwickeln.
In der heutigen Zeit herrscht vielerorts Leinenpflicht und die Hundedichte ist mancherorts recht hoch. Es bleibt fast nicht aus, dass auch Hundebegegnungen auf Leinenlänge stattfinden. Die Überlegung ist berechtigt, ob es dann für den Hund nicht sogar gut ist, wenn er lernt, auch mit solchen Begegnungen umzugehen.
Das bedeutet nicht, dass er wahllos zu jedem Hund hinziehen darf oder jeder Hund an ihm schnüffeln kann! Sie entscheiden im Interesse Ihres Hundes von Fall zu Fall, ob Sie eine solche Begegnung zulassen möchten.
Für einige Vierbeiner könnten überlegte und unspektakulär verlaufende Leinenkontakte durchaus dazu beitragen, dass ein solches Zusammentreffen normal wird und an Aufregung verliert. Wenn Sie möchten, probieren Sie es doch bei passender Gelegenheit. Zunächst am besten mit einem befreundeten Vierbeiner, der Ihrem Hund relativ gleichgültig ist. Gehen Sie aufeinander zu, nicht frontal, sondern ein wenig seitlich versetzt und auf Höhe des anderen angekommen, halten Sie an. Die Leinen sind locker und lassen – wenn auch geringe - Ausweichbewegungen zu. Die Hunde dürfen, sofern sie das möchten, kurzen (!) Schnupperkontakt haben. Loben Sie Ihren Hund, wenn er dabei ruhig bleibt und dann gehen Sie beide zügig weiter, ehe die Hunde durch zu langes Beisammensein in Aufregung geraten. Locken Sie in diesem Fall gerne auch den Hund mit Futter weiter.
Natürlich gilt weiterhin:

- Achten Sie darauf, dass sich die Leinen nicht verwickeln und beide Hunde jederzeit den Rückzug antreten können.
- Beobachten Sie Ihren Hund: geht er zwar interessiert, aber entspannt auf den anderen zu, könnten Sie von Ihrer Seite aus einer Begegnung zustimmen. Ist Ihr Hund angespannt oder verunsichert, gehen Sie besser weiter.
- Wenn Sie bereits von Weitem erkennen, dass der entgegenkommende Hundehalter ausweicht, seinen Hund zu sich heranholt oder der Hund den Ihren fixiert, dann ist es besser auszuweichen und vorbeizugehen.

Wenn Ihr Hund Sozialkontakt an der Leine haben darf, gilt alle Aufmerksamkeit den Hunden. Das Gespräch der Hundehalter sollte eher nebensächlich sein.

Unerwünschte Kontakte

Das gilt für beide Seiten: Ihr Hund muss nicht alle begrüßen und Sie und Ihr Hund möchten wahrscheinlich ebenfalls selbst darüber bestimmen, wann und welche Kontakte Sie haben wollen.

Ein entgegenkommender Hundebesitzer hat seinen Hund nicht unter Kontrolle oder lässt ihn im ungünstigsten Augenblick zu Ihrem Hund hinlaufen. Der freundliche Passant hat keinerlei Gespür dafür, dass Sie gerade üben und auf etwas Abstand bedacht sind – er rückt immer näher. Gerade bei jungen Hunden neigen wir Menschen dazu, sie anzusprechen oder anzufassen.

Wichtig ist, dass Sie nicht hilflos abwarten, bis die Situation sehr angespannt ist, sondern aktiv werden. Ihr Hund benötigt jetzt eine Hilfestellung. Er soll das Gefühl haben, dass Sie in der Lage sind, auch diese blöde Situation zu klären. Wie könnten Sie reagieren?

Situation entspannen

Wenn ein Kontakt zwar ärgerlich ist, aber keine extreme Belastung für Ihren Hund darstellt, sollten Sie sich möglichst wenig darüber aufregen. Das tun Sie nicht für Ihr Gegenüber, sondern weil es für Ihren Hund das Beste ist. Er ist bereits aufgeregt, wenn jetzt auch noch Ihre Anspannung oder eine Diskussion dazukommt, kann es nur schlechter werden. Durch Ihre ruhige Stimme und einigermaßen entspannte Körperhaltung schaffen Sie eine freundliche

Stimmung und lenken auch durch die Ansprache die Aufmerksamkeit des Gegenübers eher auf sich und weg von Ihrem Hund. Gehen Sie dann so bald als möglich weiter.

Andere auf Distanz halten

Wenn Sie nicht anders können, als stehen zu bleiben, versuchen Sie den anderen Hund oder den Spaziergänger auf Distanz zu halten. Nehmen Sie Ihren Hund hinter sich, bzw. stellen Sie sich in klarer und fester Körperhaltung vor ihn. Inwieweit Sie in der Lage sind einen auf Sie zulaufenden Hund abzublocken bzw. wieder von sich weg zu schicken, müssen Sie selbst entscheiden. Diese Souveränität lässt sich nicht aus Büchern lernen, genauso wenig wie das Erkennen, wie der andere »drauf« ist und ob er sich unbeschadet wegschicken lässt. Lassen Sie sich dieses Vorgehen von einem erfahrenen Ausbilder zeigen und probieren Sie es dann erst mal unter Aufsicht aus.

Weggehen aus der Situation

Bleiben Sie ruhig, drehen Sie um und entfernen Sie sich so bestimmt und gelassen wie möglich. Rennen Sie nicht hektisch weg, aber bleiben Sie in Bewegung. Reden Sie dabei nicht auf Ihren Hund ein, versuchen Sie nicht ihn mit Anweisungen zu einem besseren Verhalten aufzufordern, er wird es in dieser Situation vermutlich überhaupt nicht zur Kenntnis nehmen. Gehen Sie zügig weiter, bis Sie den Abstand zum anderen erreicht haben, in dem es Ihrem Hund wieder möglich ist, sich auf Sie zu besinnen.

Ein gutes Team – gemeinsam unterwegs.

Verfolgt Sie ein unangeleinter fremder Hund, ist es gut, wenn Ihr Hund auf ein bestimmtes Signal hin mit Ihnen mitlaufen kann und auf nichts anderes mehr achtet. Das ist nicht einfach, denn der Artgenosse schnüffelt vielleicht an Ihrem Hund, läuft dicht hinter ihm – und Sie beide sollen sich nicht aus der Ruhe bringen lassen. Deshalb muss dieses Vorgehen in kontrollierten Situationen geübt werden, damit Sie im Ernstfall darauf zurückgreifen können. Als zusätzliche Hilfe locken Sie Ihren Hund mit einem Leckerchen aus der Hand. Wenn Sie beide es schaffen, den Fremdhund zu ignorieren, gibt dieser oft nach einiger Zeit und erfolglosen Versuchen seine Bemühungen auf. Dann dürfen Sie zurecht stolz sein auf Ihren coolen Vierbeiner.

Geplante »Stress-Momente«

Sie können nicht auf alle Eventualitäten des Alltags vorbereitet sein, Sie können aber mit Ihrem Hund trainieren, dass er selbst bei unerwarteten Begegnungen oder Wahrnehmungen – im Rahmen seiner Möglichkeiten – ruhig an der Leine mitgeht. Dazu verwandeln Sie ursprüngliche Stress-Momente in eine willkommene Trainingsmöglichkeit. Suchen Sie bewusst und überlegt Situationen auf, die für eine gewisse Anspannung bei Hund und Mensch sorgen. Allerdings erst dann, wenn der Hund bereits gut an lockerer Leine gehen kann und sich auch von kleineren Ablenkungen nicht aus der Ruhe bringen lässt. Lassen Sie sich bei Bedarf von einem kompetenten Trainer begleiten. Der Vorteil liegt nun darin, dass Sie vorbereitet sind und nicht vom plötzlichen Auftauchen überrascht werden.

Überlegen bzw. besprechen Sie im Vorfeld Ihre Strategie:

- Muten Sie sich nur Situationen zu, in denen Sie selbst ruhig bleiben und zielführend handeln können – sonst ist die Vorbildfunktion für den Hund dahin.
- Richten Sie Ihre Aufmerksamkeit auf den Hund und den Weg, den Sie gehen wollen, aber nicht auf das Gegenüber oder den ablenkenden Reiz.
- Finden Sie eine gute Balance zwischen der Konzentration auf den Moment und der nötigen Gelassenheit. Halten Sie die Leine fest, aber nicht angespannt und vergessen Sie das Atmen nicht.
- Helfen Sie dem Hund durch ruhige, aber gut wahrnehmbare Anweisungen und eine passende Wegführung. Für die meisten ist es z.B. einfacher hinterher oder parallel zu gehen, als frontal aufeinanderzutreffen.

AUTORENPORTRAIT
Monika Schaal

ist Hundetrainerin und arbeitet seit vielen Jahren mit Problemhunden verschiedenster Rassen. Sie betreut Therapiehunde, engagiert sich für die Rettungshundearbeit und ist Ausbilderin im Deutschen Retriever Club. Sie hält Vorträge und Seminare und hat mehrere Bücher zum Thema Hund und Hundeausbildung veröffentlicht. Zusammen mit Familie und Hund lebt sie in der Nähe von Stuttgart.
Ihr Hauptanliegen ist es, Hundeausbildung entspannt, alltagstauglich und vor allem individuell zu gestalten und den Hundehaltern Freude an der Arbeit und dem Zusammenleben mit dem Hund zu vermitteln.

AUTORENPORTRAIT
Urslua Daugschieß-Thumm

züchtet seit 1990 Golden Retriever im Deutschen Retriever Club und ist langjährige Zuchtwartin für alle Retrieverrassen. Sie ist Ausbilderin im DRC und führt ihre Hunde auf Begleithund-, Dummy- und Jagdprüfungen, außerdem kann sie auf Erfahrungen in der Rettungshundearbeit zurückblicken. Sie ist Mitautorin mehrerer Bücher zum Thema Hund.

Mit Tieren zu leben war ein Kindheitstraum. Inzwischen bewirtschaftet sie, zusammen mit ihrem Mann, neben ihrem Vollzeitberuf eine kleine, aber intensive Hobbylandwirtschaft. Zum Haushalt gehören mehrere Hunde, Katzen, Pferde und Schafe. Das freundliche Miteinander aller Tiere auf dem Hof ist ein Grundpfeiler der Lebensgestaltung.

Herzlichen Dank

an alle, die uns für diese Neuauflage Fotos zur Verfügung gestellt haben. Lieben Dank besonders an die Teams, die kurzfristig bereit waren, mit uns zusammen neue Fotos zu machen. Dadurch konnte das Buch auch bildlich überarbeitet werden.
Bei unserer Lektorin Claudia König bedanken wir uns ganz herzlich für die gute Zusammenarbeit.
Ein ganz spezieller Dank gebührt unseren eigenen Hunden. Ganz besonders den beiden, für die »eine lockere Leine« nicht selbstverständlich war. Dank ihnen ist Leinenführigkeit für uns keine graue Theorie, wir wissen, was ein an der Leine ziehender Vierbeiner im Alltag bedeutet. Die beiden haben uns so manches Mal durch ihr Verhalten auf unsere Fehler aufmerksam gemacht, uns zum Nachdenken gebracht und uns gezeigt, wie viel Geduld, Verständnis und Motivation nötig sind, bis Hund und Mensch auf dem richtigen Weg sind.

Unsere Erfolgsreihen
auf einen Blick ...

DIE REITSCHULE (AUSWAHL)

Urte Biallas, **Bodenarbeitskurs**, ISBN 978-3-275-02053-9
Kerstin Diacont, **Dressur für Fortgeschrittene**, ISBN 978-3-275-01749-2
Marlit Hoffmann, **Reiterrallyes – Reiterspiele**, ISBN 978-3-275-01850-5
Petra Dürr/Carola Steen, **Kaltblutpferde reiten**, ISBN 978-3-275-01939-7
Hannelore Leiser, **Voltigieren für Einsteiger**, ISBN 978-3-275-01856-7
Angelika Schmelzer, **Pferde erziehen**, ISBN 978-3-275-01709-6
Angelika Schmelzer, **Reiten im Gelände**, ISBN 978-3-275-01748-5
Sabine Schweickert, **Fahren für Einsteiger**, ISBN 978-3-275-02079-9
Viviane Theby, **So lernen Pferde**, ISBN 978-3-275-02081-2
Jutta Plötz, **Islandpferde**, ISBN 978-3-275-02052-2
Karen Uecker, **Der Reitbegleithund**, ISBN 978-3-275-01969-4
Sigrid Weppelmann, **Basispass Pferdekunde**, ISBN 978-3-275-01750-8

DIE HUNDESCHULE (AUSWAHL)

Alexandra Hoffmann, **Futter gibt's nur von mir**, ISBN 978-3-275-02074-4
Micaela Köppel, **Spiel und Spaß für jeden Tag**, ISBN 978-3-275-01732-4
Petra Krivy/Angelika Lanzerath, **Darf der das?**, ISBN 978-3-275-01835-2
Petra Krivy/Angelika Lanzerath, **Hunde verstehen**, ISBN 978-3-275-02116-1
Petra Krivy/Angelika Lanzerath, **Was ein Welpe lernen muss**, ISBN 978-3-275-01689-1
Petra Krivy/Angelika Lanzerath, **Einfach gut erzogen**, ISBN 978-3-275-02082-9
Uta Reichenbach/Gabriele Lehari, **Sinnvolle Beschäftigung**, ISBN 978-3-275-01929-8
Monika Schaal/Ursula Breuer, **Gastfreundlich**, ISBN 978-3-275-01862-8
Manuela van Schewick, **Apportieren mit Spaß,** ISBN 978-3-275-01754-6
Manuela van Schewick, **Kind trifft Hund,** ISBN 978-3-275-01979-3
Karen Uecker, **Hunde spielend motivieren,** ISBN 978-3-275-01998-4

HAPPY CATS (AUSWAHL)

Sylvia Born, **Katzenkinderstube**, ISBN 978-3-275-01864-2
Gabriele Müller, **Miau – Katzensprache richtig deuten**, ISBN 978-3-275-01782-9
Gabriele Müller, **Katzenspiele**, ISBN 978-3-275-01811-6
Annette Thomée, **Gesunde Katze**, ISBN 978-3-275-01839-0

Jedes Buch mit 96 Seiten
ca. 80 Abb., broschiert
je € 11,95 | € (A) 12,40

Müller Rüschlikon

Die Hundeschule

Unsere **Bücher**
für Hundefans

Petra Krivy
Lernen mal anders
ISBN 978-3-275-02140-6

Petra Krivy/Angelika Lanzerath
So geht's nicht weiter
ISBN 978-3-275-02083-6

Monika Schaal/Petra Rammelsberger
Bodenarbeit mit Hunden
ISBN 978-3-275-02158-1

Monika Schaal/Ursula Breuer
Komm zu mir!
ISBN 978-3-275-01623-5

Monika Schaal/Ursula Breuer
Gastfreundlich?
ISBN 978-3-275-01862-8

Jedes Buch mit 96 Seiten
ca. 80 Abb., broschiert
je € 11,95 | € (A) 12,40

Änderungen in Preis und
Lieferfähigkeit vorbehalten.

Überall, wo es Bücher gibt oder
www.mueller-rueschlikon.de
Service-Hotline: 0711-78 992 151

Müller Rüschlikon